「しない」戦略

洋
INAGAKI Hidehiro

競争「しない」戦略▼目次

プロローグ　荒れ地を生き延びる「ルデラル」

I　ルデラルの法則

戦わずして勝つ

目次

Ⅱ　ルデラルの戦略

多様なタネでチャンスを広げる

小さな成功を繰り返す

Ⅲ ルデラルな生き方と日本人

雑草を愛する国、愛さない国

雑草の強さを知る民族

プロローグ

荒れ地を生き延びる「ルデラル」

弱い植物も生き残る不思議

自然界は私たちが生きる競争社会以上に厳しい環境にある。強い者が生き残り、弱い者は滅びる。

「一生懸命に頑張ったのだから、それでよいではないか」

などという甘い考えは一切、通用しない。

頑張っているだけなら、すべての生きものが頑張っている。

生き馬の目を抜くような競争が日々繰り広げられている自然界において、歯を食いしばって頑張っているだけでは、とうてい生き残ることなどできない。それが弱肉強食の自然界といわれる所以《ゆえん》である。

しかし、そんな認識で自然界を見回してみると、どうも様子が違う。

競争に強い者たちだけが生き残っているかといえば、そうではないのだ。

たとえば、ライオンとシマウマは、ライオンの方が圧倒的に強い。しかし、シマウマが滅んで、ライオンばかりになってしまうかというと、そんなことはない。

「ミミズだって、オケラだって、アメンボだって、生きているんだ」と歌の文句でさげすまれているが、ここズもケラもアメンボも滅びずにたくさんはびこっているということは、どれも厳しい自然界を生き抜いてきた勝者ということなのだ。

といいながら、どうやら、強ければよいというものでもないようだ。

自然界の面白いところは、そこにある。

雑草はけっして強くない

私が雑草という植物に出合ったのは、大学院生のときである。

私の学んでいた大学には、なんと「雑草学」という学問があった。「雑草学」というと、「UFO学」や「ドラえもん学」と同じように、ずいぶんとユニークな学問のように思われるかもしれないが、そんなことはない。

農業を行ううえで、田んぼや畑の雑草を防除することは、とても大切なことである。そのため雑草の生態を知り、防除に活かそうという学問が、雑草学なのである。

もっとも、かくいう私も、田んぼや畑の雑草を何とか防除したいという強い使命感で雑草学の研究室の門を叩《たた》いたわけではない。

雑草というと、「雑草のようにたくましく」といわれるように、人間の生き方にもたとえられる。「雑草学」という言葉の響きに、何となくあこがれがあった。ただ、それだけのことだったのである。

ところが、いざ研究を始めてみると、雑草というものは知れば知るほど、興味深い植物であることに驚かされた。そもそも、「雑草のようにたくましく」というけれど、雑草は、私たちのように歯を食いしばって頑張っているわけでもなければ、涙をこらえながら、じっと耐え忍んでいるわけでもない。

雑草は知恵と工夫で環境に適応し、逆境を克服している。むしろ逆境を巧《たく》みに利用していることさえ多い。雑草の生き方は、じつにしたたかで合理的なのである。

そして、何より驚かされたのが、雑草はけっして強い植物ではないということを知ったことであった。植物学の世界では、雑草は強い植物だとは考えられていない。むしろ、「弱い植物である」とされていたのである。

弱いとされている雑草が、どうしてこんなにもはびこって成功を収めているのか。それが本書の大きなテーマである。

植物には三つの生き方がある

英国の生態学者であるジョン・フィリップ・グライムは、一九七〇年代に植物の成功戦

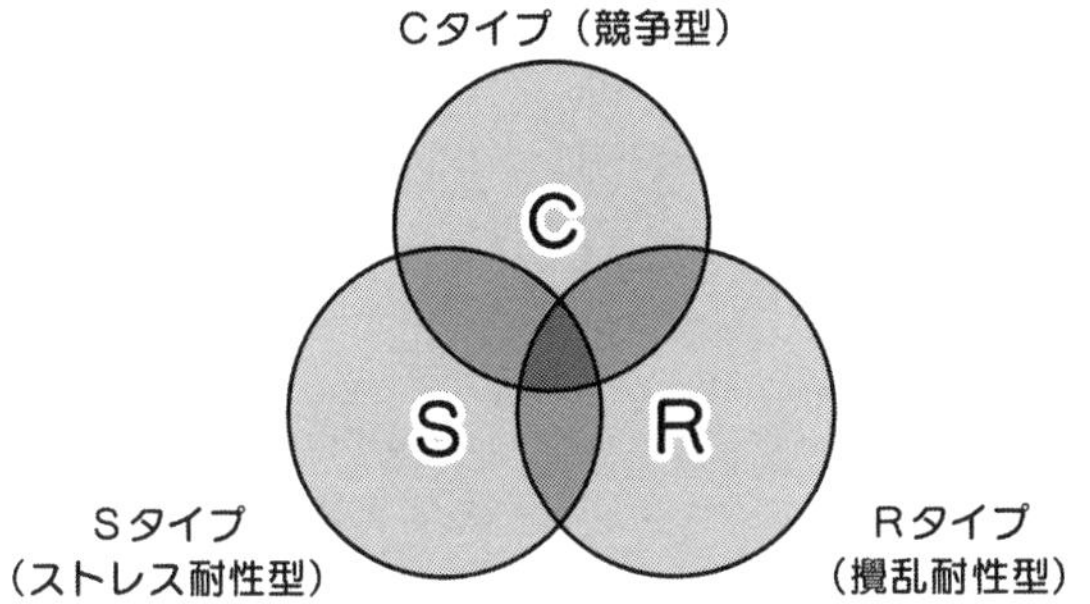

植物の3つの戦略タイプ

略を三種類に分類した。それが、CSR戦略と呼ばれるものである。CSRといっても、「企業の社会的責任（corporate social responsibility）」の略ではない。つまり、植物が成功して生き抜くためには、C型、S型、R型という三つの生き方があるということなのである。

C型は、「コンペティティブ（競争型）」で、競争に強いタイプである。

自然界は弱肉強食の世界である。強い者が生き残り、弱い者は滅びゆく。

それは、植物の世界であっても同じであり、植物たちもまた、常に激しい生存競争を繰り広げているのである。そんな激しい競争を勝ち抜くことで成功する植物が「競争型」である。

強い者が生き残るのだから、競争型が成功するのはよくわかる。しかし、それ以外に、どのような成功のタイプがあるのだろうか。

CSR戦略のS型は「ストレストレラント（ストレス耐性型）」である。競争型が生えることのできないような過酷な環境に適応するのがS型である。

たとえば、サボテンなどがストレス耐性型の典型である。水がなく乾燥した砂漠の条件は植物には過酷なものである。とても競争をしている場合ではない。生きていくのが精いっぱいなのだ。

激しい競争に身を置くか、過酷な環境に身を置くか、あなたはどちらのタイプを選ぶだろう。

いずれも厳しい条件である。どちらも超人的な能力を求められる。

もっと他に、もう少し頑張れそうな戦略はないのだろうか。

競争型（C型）でもなく、ストレス耐性型（S型）でもない、第三の成功戦略こそがR型と呼ばれるものなのである。R型とは、どのような戦略なのだろうか。

そもそも「強さ」とは？

R型は弱者と呼ばれる植物たちが、成功を収める生き方である。そのR型こそが本書で紹介する「ルデラル」である。

「ルデラル」とは、荒れ地に生きる植物を指す。

荒れ地に生きるというと、アメリカ西部の荒野か何かを連想して、私たちにはなじみのない植物の話だと思うかもしれない。

しかし、そうではない。

私たちの身近にいる雑草と呼ばれる植物群は、まさにルデラルな生き方をする植物の典型である。

「でも、雑草が弱いというのはイメージと違う」と思うかもしれない。

確かに、雑草には、抜いても抜いても生えてくるというイメージがある。そんな雑草の強さにあこがれ、「けっしてあきらめない雑草魂で頑張る」と心境を語る人も多い。

ところが先述のように雑草は、植物学の分野で、強い植物ではなくむしろ弱い植物であるとされている。

それでは、どうして弱い植物である雑草に、人々は強さを感じるのか。これが「ルデラル」の重要なポイントである。

そもそも「強さ」とは、どういうことなのだろう。

力が強くて、ケンカに強いばかりが強さではない。確かに力の強さは生き残る上で有利な条件となるだろう。しかし、生き残るために必ずしも力の強さが必要なわけではない。

勝負の世界では、結局のところ「勝利した方が強い」ということになる。そして、自然界では「生き残った方が強い」ということなのだ。力は弱くても知恵を駆使して生き残ることも強さのうちだろうし、環境に対して適応していくことも強さとなるだろう。

逆境を生き抜く弱者の戦略

ルデラルは、大きく二つの特徴を持つ。

一つ目は、ルデラルは「弱者の戦略」ということである。そして、その真髄は「競争しない戦略」である。

競争社会に生きる我々は、ときに不利な条件で競争に巻き込まれることがある。負けるとわかっている競争を強《し》いられることもある。そんなとき、わざわざ負け試合に挑む必要はない。

しかし、不利な戦いだとわかっていても、どうしても戦わなくてはならないときもあろう。そんなとき、強者と同じ戦い方をしていたのでは、弱者には勝ち目がない。弱者には弱者の戦略がある。

スポーツの試合で、力のないチームが、強豪チームに勝つにはどうしたらよいか。中小企業や小さな小売店が、大企業や大型店に対抗するにはどうしたらよいか。

そのヒントはまさに、「ルデラルの戦略」にある。

ルデラルの特徴の二つ目は、「逆境の生き方」にある。そして、その真髄は「逆境を味方につける」である。ルデラルにとって逆境とは耐えるべきものでもなければ、敵でもない。むしろ歓迎すべきものなのである。

雑草に代表されるルデラルは「弱い植物」であるが、もし、ルデラルに強さを見出すとすれば、それは「マイナスをプラスに変える強さ」だろう。

なお、本書は三つのブロックで構成した。Ⅰではルデラルな生き方の特徴・法則を、Ⅱではルデラルな生き方の戦略を解説した。そして最後のⅢでは、ルデラルをキーワードに、我々日本人が持つ強さについて考察してみた。

今、世の中は激しく動いている。

予測できない変化、経験したことのない変化が目の前で次々に起こり、誰も将来像を描けない、そんな時代である。しかし、予測不能な逆境こそ、ルデラルがもっとも得意とする環境である。

激動の時代を生き抜くとき、「ルデラルな生き方」を選択肢として持つことは、逆境をチャンスに変える有効な戦略オプションとなるだろう。

本書で紹介する「ルデラルな生き方」が皆さんのビジネスや人生において何らかの力になれば、著者として望外の喜びである。

Ⅰ　ルデラルの法則

戦わずして勝つ

植物にとっての「勝ち目のない戦」

自然界は弱肉強食である。強い者が生き残り、弱い者は滅びゆく。

それは、植物の世界であっても同じである。植物は動くこともなく、平穏な暮らしをしているように見えるかもしれないが、そんなことはない。枝や葉は光を奪い合い、見えない土の中では根が栄養分や水を奪い合う。

植物たちもまた、常に激しい生存競争を繰り広げているのである。

もし、光を勝ち取ることができなければ、他の植物の陰で枯れてしまうし、水を奪われれば干上がってしまう。

そんな競争を勝ち抜くのは簡単なことではない。

人も、競争社会を勝ち抜くには、相当の競争力が必要である。

もちろん、それ相応の実力があれば競争の中に飛び込んでみるべきだろう。勝てるとわかっている勝負を嫌がる必要はないし、もし勝てるチャンスがあるのであれば、そのチャンスに賭《か》けてみるのも悪くない。

しかし、どう見ても勝てない相手というのは世の中に存在する。負けるとわかっている勝負も存在する。

「それがどうした、当たって砕けろだ」

と言うのは威勢がいいが、本当に砕けてしまっては元も子もない。

私たちが生きる現代社会では、文字どおり命を懸《か》けて戦うことなど滅多にないからそんなことが言えるのだ。

実際、勝負に負ければもはや生存できないという状況であれば、勝ち目のない戦《いくさ》に臨むことほどバカバカしいことはない。それが厳しい自然界を生き抜くための前提条件であることは、植物の世界を見れば想像がつくだろう。

そもそも植物の世界では体の大きさが圧倒的に違う。ビルの高さほどもある数十メートルの大木があるかと思えば、地べたに芽生えた小さな草もある。少しばかりの努力や能力では埋めることのできない圧倒的な力の差があるのだ。

群雄割拠《ぐんゆうかっきょ》の巨大な植物が生い茂る深い森の中で、小さな草がどんなに強がって背伸びをしたところで、勝ち目はない。誰かが光を分けてくれるわけではないし、助けてくれるわけでもない。頑張れば何とかなるというのは、気楽な人間の言い分であって、植物の世界では、どんなに頑張っても敗れ去ったものは、枯れてゆく運命にあるのだ。

際限のない競争世界

強い者が生き残るとはいえ、勝者でさえも無傷ではいられない。強者と呼ばれる植物にとっても、競争をするのは大変なことなのだ。

どんなに葉を茂らせようとしても、他の植物の葉が容赦なく邪魔をする。たとえ一部の葉は光を浴びられたとしても、光が当たらない葉は枯れるしかない。

たとえ激しい戦いに勝利したとしても、かなりのエネルギーを消耗するし、ダメージは計り知れないのだ。

戦いに勝利したであろう植物を見てほしい。片方は葉を茂らせていても、半分は枝も葉も失っている。必要以上に背伸びをして、下の方は十分に枝も葉も茂っていない。徒長《とちょう》（必要以上に間延びすること）した茎《くき》は、大風が吹けば折れてしまう。

群雄割拠の猛者《もさ》たちの中で、他者を圧倒して成長を遂《と》げることは難しい。突き抜けたと思えば追いつかれる。追い抜かれたと思えば、また争って高いところを目指さなければならない。この際限ない競争から落ちこぼれれば枯れてしまう。

無理をして高く伸びようとすれば、茎は細くなってしまう。そして背伸びしすぎた植物は茎が折れてしまうのだ。

生い茂った草むらを見ると、どの草も同じような高さで生えそろっている。森を見ても、種類の違うさまざまな木々が同じような高さでそろっている。激しい競争の結果、結局、どれもが突き抜けることもなく、同じような背丈でそろってしまうのである。

競争社会で有利なのは、もはや圧倒的な力を有しているナンバーワンだけなのだろうか。

「競争者」がはびこる環境を避ける

強い植物たちは常に戦いを繰り広げ、ナンバーワンを目指す。ナンバーツー、ナンバースリーの猛者たちは、ナンバーワンの植物に常に戦いを挑み、競争を仕掛ける。

それでは、とてもナンバーワンになることができないような弱い植物はどうすればよいのだろうか。強い植物が激しい競争を繰り広げているその脇《わき》で、自然界には多くの弱い植物が生息している。

とても勝ち目はないのだから、無理な戦いはしないに限る。ことわざにあるように「三十六計逃げるに如《し》かず」。要は、逃げるが勝ちなのだ。

競争に強い者が選ぶ「ナンバーワンを目指す戦略」が強者の戦略だとすれば、競争に弱い者が選ぶ「ルデラルな戦略」は、弱者の戦略ということができる。

以前、「雑草に見る人生成功戦略～逆境を生き抜く知恵～」と題したビジネスセミナーの私の講演を聞いてくださったベンチャービジネス支援企業、ビジネスバンクの浜口隆則《はまぐちたかのり》さんは、起業家や小さな会社にとっての正しい戦略は「戦いを避けることである」と見抜いた。

そして「ホワイトフラッグ・マネージメント」という経営戦略を創り上げたのである。

強者の戦略をとると、経営は戦いの連続だ。お客さんとの戦い、競合他社との戦い、チームの仲間どうしでの戦い、協力業者との戦い、お金との戦い、時間との戦い、世の中の動きとの戦い、そして自分自身との戦い。

これだけ戦い続けていたら、たとえ勝者になったとしても幸せになれるはずがない。だから、不戦勝を続けながら、幸福を追求し生き残っていくことを目指そう。小さな会社も雑草と同じで正しい戦略を持つことで生き残れるのだ、と氏は言う。まさに白旗戦略である（ホワイトフラッグ・マネージメントの考え方は、浜口隆則『戦わない経営』〈かんき出版〉に詳しい）。「競争者」がはびこる環境を避けることは、弱者にとって、もっとも大切なことなのだ。

ルデラルと「孫子の兵法」

「戦わないで勝つ」という考え方で思い出すのは、「孫子《そんし》の兵法《へいほう》」ではないだろうか。『孫子』は、約二千五百年前に書かれた世界でもっとも古い兵法書である。ここに書かれた「孫子の兵法」は、武田信玄《たけだしんげん》やナポレオンなど古今東西の戦いの名将に読まれてきた。現代でもビジネスの現場で戦うビジネスパーソンに愛読されている。

その「孫子の兵法」の基本的な思想が「勝算なきは戦わず」ということと、「戦わずして勝つ」ということである。孫子の時代の戦いは、まさに生きるか死ぬかであった。戦いに敗れることは、まさに死を意味していたのである。

その厳しさは、まさに自然界の生存競争に近いものがあっただろう。そして、そのような厳しい状況の中で孫子がたどりついた答えが、雑草と同じ「戦わないこと」だったのである。

競争しないでいられる環境はあるのか

弱い植物にとって戦いは避けなければいけない。競争を避けることも立派な戦略である。しかし、疑問は残る。

競争を避けるといっても、群雄割拠の自然界に、はたして競争のない場所などあるのだろうか。

たまたま強い植物の生えていない場所を見つけたとしても、ゆめゆめそこが楽園だと思ってはいけない。

弱い植物が見つけた楽園には、やがて強い植物が侵入してくるだろう。そして、力ずくでその場所を奪い取る。たとえば、こんな感じだ。

新しい空き地ができれば、はじめは競争がない。そこにタンポポの仲間のように綿毛でタネを飛ばす雑草の種子が最初にやってきて、楽園を作る。しかし、それは束《つか》の間《ま》である。翌年には競争に強い植物がやってきて、最初に生えた雑草を駆逐《くちく》してしまう。

次の年にはさらに強い植物が生えてきて、置き換わる。こうして新しい土地でも勢力争いが繰り返され、毎年毎年、覇者が変化していく。そして最後には、競争に強い灌木《かんぼく》のような大きな植物が生い茂るのだ。

ヒャハハハ!!
…。
グスン。
公園
競争になれば
弱者は追い出される

せっかく新しい未知の場所を見つけてもすぐに強者にマネをされて、侵出されてしまうのである。

このように弱い者が作り出した新しいテリトリーを取り込んでいく戦略は、ビジネスの世界では同質化戦略と呼ばれている。もちろん、同質化戦略は、強者の戦略である。弱者は、どんなに強者の生えていない場所を探しても、強者から逃れることはできないのだ。

しかし、あらゆる場所で生存競争が行われているのが自然界である。そんな自然界に、競争しないでいられる環境などあるのだろうか。

逆境を味方につける

他が嫌う道を進む

トンネルで抜けるバイパスと、くねくねの山道で峠《とうげ》を越えていく旧道があったとする。あなたはどちらの道を選ぶだろうか。

当然、バイパスを走る方がずっと快適である。バイパスを選ぶ人が多いだろう。

しかし、バイパスを走りたいのはみんな同じである。誰だって快適なバイパスを走りたい。だから、せっかくのバイパスが大渋滞を起こしてしまう。

そんな渋滞が嫌だからと、わざわざ遠回りする山道を選ぶ。そういう選択をした経験は誰にでもあるだろう。

これも競争を避ける戦略だ。

あるいは、すし詰めの満員電車が嫌だから、座席を確保するために朝一時間早く家を出るという人もいるだろう。これも競争を避けているのだ。

つまり、他人の行動パターンと少し違う選択をすると、人より有利に物事が運ぶことがある。誰もが好むようなところ（先述の例では、いい道やいい時間帯）では、競争が起こる。むしろ、人が嫌うようなところを進んで選ぶ方が得をするということがある。チャンスは恵まれているところにあるのではない。少し条件の悪いところにこそ、チャンスがある。

どこにでも生えるようなイメージのある雑草だが、じつは雑草が生えることのできない場所は多い。

たくさんの種類の植物が生えるような自然が豊かな森は植物の楽園に思える。しかし、多くの植物が生えるような場所に雑草の姿はない。よくよく考えてみると、雑草が生えている場所は、空き地だったり、道ばただったり、雑草以外の植物が生えていないような場所ばかりである。

どこにでも生えているような雑草もちゃんと場所を選んでいるのである。

最高の条件に勝機はない

強い植物が生えていない場所を見つけても、やがて強い植物は追いかけて侵入してくることだろう。人間社会も同じである。新しいアイデアで勝負するのはいいが、それは大企業にすぐに同じようにマネされてしまうだろう。そして、より安く、より良いものを出してくるはずである。

弱い植物にとって大切なことは、強い植物から逃げ惑うことではない。強い植物が入ってこられないような場所、あるいはたとえ入ってきても強い植物が力を発揮できず、弱い植物でも勝負できる場所、そのような場所を選ぶことなのである。

たとえば、Ｊリーグのプロチームと小学生がサッカーで対戦する場面を考えてほしい。実力差はいうまでもない。百戦錬磨《ひゃくせんれんま》のプロの選手と子どもたちとでは、実力差は天と地以上の開きがある。

しかし、あなたが小学生チームの監督だったとしよう。Ｊリーグチームと試合できるだけでも名誉なことだが、それでも勝負だから何とかして勝利したい。

さて、どのような場面を想定すれば、プロチームに勝つことができるだろうか。

そんなことは無理だ、と早急に決めつけないで考えてみてほしい。弱い植物たちは、プロと小学生以上の実力差をはねのけて、自然界を生き抜いているのだ。

場所は国立競技場。ピッチは天然芝で、最高のコンディションに仕上げられている。空は日本晴れ。スタジアムの観客は満員で最高の盛り上がりを見せている。

サッカーをやる人だったら誰だって、こんな条件でサッカーができたら最高の気分にひたることができるだろう。いや、サッカーをやったことのない人だって、こんな恵まれた条件で試合ができたら、きっと一生の思い出に残るはずである。

しかし、こんな最高の条件でサッカーをしたとしたら、小学生のチームは百回試合しても、プロのチームに勝つことはありえない。恵まれた条件で試合をすれば、どちらのチームもその実力をいかんなく発揮することができる。そうだとすれば、実力どおりの結果になるのは明白だからだ。

それでは、どのような条件であれば、小学生チームは勝つことができるだろうか。

小学生がプロサッカー選手に勝つには

最高のコンディションでは勝つことができない。

だとしたら、最悪のコンディションを考えてみよう。

7
10

逆境こそ弱者の
強かな味方

場所は河川敷だ。天気は暴風雨。雨は激しく、風も吹き荒れている。ピッチは、ドロドロにぬかるんでいて、水たまりもたくさんある。泥にまみれてボールは思うように蹴れないし、風にあおられてボールもどっちへ転がるかわからない。

そんな条件でサッカーをしたいと思う人はいないだろう。

しかし、その条件でプロと小学生が試合をしたらどうなるだろう。もしかすると、番狂わせの可能性が出てくるかもしれない。少なくとも引き分けくらいは十分に狙《ねら》えるのではないだろうか。

そして、もし小学生チームが、練習の条件に恵まれず、いつも泥んこの河川敷で、強い風が吹きすさぶ中で練習を積み重ねているとしたら、どうだろう。弱いはずの小学生チームが、強いはずのプロチームに勝つ可能性は高まるではないか。

これが弱者であるルデラルの考え方である。

逆境は誰だって嫌である。しかし、逆境があるからこそ勝機が見出せるのだ。

プロのチームからすれば、こんな試合はバカバカしくてやっていられない。最高のコンディションで試合をすれば、絶対負けるはずのない相手に、もしかすると負けてしまうかもしれないのである。大雨の中での試合を申し込めば、プロのチームの方がしり込みしてしまうだろう。

こうなれば小学生チームは不戦勝である。逆境で勝負を挑むことは、競争を避ける効果的な方法なのである。

ルデラルである雑草の勝負に対する考え方も同じである。

植物が生育するためには、恵まれた条件の方が良いに決まっている。しかし、そんな場所では、とても強者に勝つことはできない。

一方、悪条件を生存競争の場とすれば、植物として「弱い」とされている雑草にも活路が見出せる。そして、むしろ悪条件での戦い方を身につければ、強い相手よりも有利になるのである。

そう考えれば、強者と戦わなければならないルデラルにとって逆境は敵ではない、逆境こそが強力な味方なのである。

予測不能な環境にチャンスがある

激しい競争は「良い環境」で生まれる

たとえば、社長を自由に選べるとしたら、あなたはどのようなタイプの社長を選ぶだろうか？

社員の気持ちをよく理解し、働きやすい環境を用意して厚遇してくれる社長がいるとしよう。さて、あなたはこの社長を選ぶだろうか。

こんな社長がいたら、何の文句もないと思うかもしれない。

しかし、必ずしもいいことばかりではない。

そのような社長のもとには、一流大学を出てバリバリ働く能力の高い連中が集まってくる。そんな中に交じって、仕事をするのは至難の業《わざ》だ。高いノルマが設定されるかもしれないし、常に高いレベルの仕事を要求されることだろう。

ましてやライバルたちを蹴落《けお》として、出世しなければならないとしたら、相当、大変なことである。

もちろん、自分の能力に自信がある人は、そのような社長のもとに飛び込んでいくことをお勧めする。そこは自分の能力を存分に発揮できる環境だからである。

しかし、そうでないとすれば、そんな競争にさらされながら毎日働くことは、相当にきつい。

もし、あなたの会社が、社員を厚遇することもなく、優秀な人材が集まってこないような恵まれない職場だとしたら、それはそれで、喜ばしいことなのだ。

良い社長が良いとは限らない。それでは、その逆の場合はどうだろうか。

たとえば、社員の気持ちをまるで理解しようともせずに、ネチネチ嫌味ばかり言ってくるような社長だったとしたら、どうだろう。

このような社長のもとに優秀な人間が集まってくる可能性は低い。こんな会社であれば、ずば抜けた能力がなくても、出世争いを勝ち抜くのはそんなに難しくないかもしれない。

条件が悪くなれば、それだけ競争がゆるやかになるのである。

しかし、社長の嫌味を毎日聞きながら、仕事をするというのも簡単なことではない。何より、気持ちが参ってしまう。心が折れてノイローゼになってしまうかもしれない。逆境が大事だとはいえ、逆境の中にさらされ続けることもまた、これはこれで大変なことだ。

プロローグで紹介したジョン・フィリップ・グライムによる植物の分類を思い出してほしい（14ページ）。植物の競争は恵まれた環境で起こる。そして、その環境が恵まれたものであればあるほど、そこでの競争は激しくなり、熾烈《しれつ》を極める。

それは良い社長のもとに、優秀な人材が集まって社員どうしが競争を繰り広げるのに似ている。そんな競争の中で勝ち抜く力を持った者が、グライムの言う「コンペティティブ」、つまり「競争型」である。

一方、嫌な社長のもとでは、高いレベルでの競争は起こらない。しかし競争はない代わりに、針のむしろに座るような厳しい毎日が待ち構えている。グライムの分類では「ストレストレラント」（ストレス耐性型）となる。すでに紹介したように、ストレス耐性型の典型はサボテンである。水がなく乾燥した砂漠の条件は植物には過酷なものである。そんな過酷な環境を生き抜くのに必要なのは、競争力ではなく、過度なストレスに耐えることのできる強靭《きょうじん》な忍耐力なのだ。

「強さ」より「しなやかさ」

できすぎた社長もダメ。ストレスフルな社長もダメ。なかなかぴったりくるような社長はいないものだ。これは何も社長選びに限らない。条件が良ければ競争が激しくなり、条件が悪ければストレスが大きくなるというのは世の常である。

たとえば、レストランを出店するとする。街の繁華街の条件の良いところでは、他の競合店との競争が激しい。かといって、競争を避けてシャッター通りのような商店街に出店すれば、競争はなくてもレストランとしてやっていくことは相当に難しい。

それでは、こんなケースはどうだろう。

社長が次々に交代していくのだ。良い社長であったかと思うと、ダメな社長になる。ときには口うるさい社長だったり、ときには何もしない社長だったり。機嫌の良い社長だったり、機嫌の悪い社長だったり。

それが目まぐるしく代わっていくのだ。もちろん、会社の方針や指示も、短い間にコロコロ変わる。こんな不安定な職場は、けっして恵まれているとはいえない。優秀な人材は愛想を尽かし退職するだろうから、厳しい競争にさらされることはないだろう。かといって、嫌味な社長のもとで働くように、毎日ストレス漬けの日々というわけでもない。

社長が次々と代わるような不安定な会社で働くのに必要なのは、競争に勝つ強さでも、ストレスに打ち克《か》つ強さでもない。求められるのは、目まぐるしく代わる社長に対して、臨機応変に対応する「しなやかさ」、つまり「ルデラルな生き方」なのである。

逆境という環境が安定したものだとしたら、勝者はどうなるだろう。

たとえば、砂漠は、降りかかる逆境が決まっている。つまり、日常的に「水がない」ということだ。このような逆境では、勝者はサボテンに限られてしまう。

しかし、一般的に逆境とは、どんな困難がいつ降りかかってくるのかまるでわからない。つまり、安定や想定とは程遠いものだ。

それでは不安だ。どうせ降りかかってくるのであれば、想定している範囲の逆境が降りかかってきてほしい、そう思う人もいるだろう。ところが現実は違う。予想もしなかったことが次々起こるのだ。

そんな予測不能な不安定な条件こそが、ルデラルな植物のもっとも得意とするところである。

恵まれた条件では「競争型」に勝てない。決まった逆境では「ストレス耐性型」に勝てない。想定を超えるような予測不能な逆境にあって、初めてルデラルにチャンスが訪れる

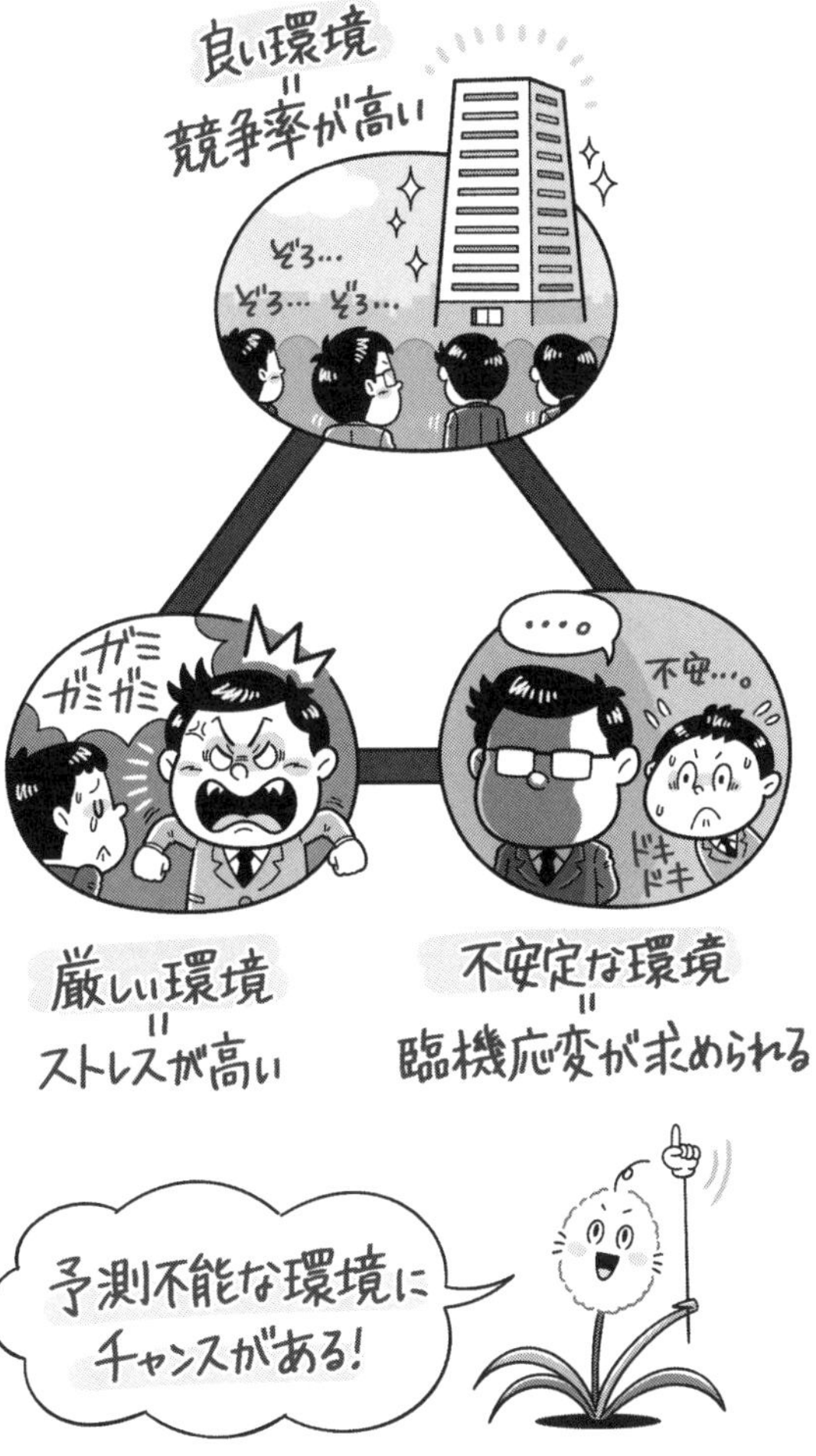
良い環境
＝
競争率が高い
ぞろ…
ぞろ… ぞろ…
ガミ
ガミガミ
…。
不安…。
ドキ
ドキ
厳しい環境
＝
ストレスが高い
不安定な環境
＝
臨機応変が求められる
予測不能な環境に
チャンスがある！

のである。

「変化」こそが逆転のチャンス

バラエティ番組のクイズを見ていると、

「トップのチームは五〇点、最下位のチームは〇点。しかし最後の問題は一問一〇〇〇点ですから、どのチームにも優勝の可能性があります」

とふざけていることがある。

最後の問題が一〇〇〇点なのだったら、今までの戦いは何だったのかということになるが、バラエティでは最後の最後まで勝負の行方《ゆくえ》がわからない方が面白いのだ。

しかし、生きるか死ぬかの生存競争となると、笑ってはいられない。

勝っているチームは、今まで点を積み重ねてきたのだから、同じように一問一〇点にしてほしいと思う。しかし、負けているチームは一問一〇点では勝ち目がない。ルールを変えてもらえればありがたい。

強者は、今の環境の中での勝者なのである。強者にとって、環境が変わることは恐ろしいことだ。これまでのように強者でいられるかどうかは未知数なのである。

慣れ親しんだ環境が変化するということは、どんな植物にとっても、嫌なことであるに違いない。新しい環境に適応するには、それ相応の労力が必要だからだ。

しかし、雑草は変化を恐れない。むしろ、その変化が大きければ大きいほど雑草のチャンスもまた大きくなる。雑草は、予測不能な環境に身を置く道を選んだ植物である。何が起こるかわからないという環境こそが、弱者である雑草にとっては逆転のチャンスなのだ。

たとえば、草刈りが行われたり、耕されたりすることは、どんな植物にとっても大きな環境の変化である。しかし、大きく育った植物も草刈りが行われればリセットされてゼロになる。弱者の雑草にとっては願ってもないチャンスである。

変化は誰にとっても嫌なものである。しかし、激動の時代こそルデラルの望むところなのである。

複雑な環境には多くの勝者が生まれる

複雑な局面にチャンスがある

ルールがシンプルなゲームでは、強い者が勝者となりやすい。

たとえば、投げたボールのスピードを競うスピードガン・コンテストというものがある。これは速球を投げる人が圧倒的に有利である。遅い球を投げる人は勝ち目がないだろう。

ルールが複雑な野球になると、必ずしも速球を投げる方が勝つとは限らない。速い球を投げるよりも、変化球などを組み合わせた配球が効果的なこともある。

ホームラン競争に強いホームランバッターの多いチームよりも、バントや盗塁ができるチームが勝つこともある。

戦国時代の戦を見てもわかるように、だだっぴろい平原で戦うとすれば、単純に数が多い方が勝つだろう。

しかし、山あり谷ありという複雑な地形になると、数の少ない方にも勝つチャンスが訪れる。

弱者が強者に勝つには、ルールを複雑にすることが有効なのである。

ルールが単純な場合は、単純に強い方が勝つ。ルールが複雑になれば、さまざまな勝ち方が生じるから、必ずしも強い方が勝つとは限らない。

49ページの図は攪乱《かくらん》の強さと生きものの種類の関係を表したものである。図の横軸は攪乱の程度を表している。攪乱というのは、かき乱すという意味で、植物にとっては急激な環境の変化を意味する言葉である。つまり、右へいくほど、環境が大きく変化しているということになる。

一方、縦軸はその環境で生息する生物の種類を表している。

図の右側の部分を見ていただきたい。

攪乱の強さが大きくなればなるほど、つまり右へいけばいくほど、生息できる生物の数は少なくなる。あまりに攪乱が大きすぎると、大きな変化に対応できなくなってしまうのである。

これに対して、図の左側の部分を見ると、攪乱程度が小さくなっても、やはり生息できる生物の種類は少なくなる。

環境の変化は、生物にとっては歓迎されない。であれば、その逆、つまり変化が少ない場合、生物の種類は増えてもよさそうなものだ。しかし、現実は違う。どうして変化が少ない環境でも、生息できる生物の種類が減少してしまうのだろうか。

もうおわかりだろう。

安定した環境では、激しい競争が起こる。そして、強い者が生き残り、弱い者は滅びていく。そのため結果的に、生息できる生物の数は減ってしまう。

一方、ある程度、攪乱がある条件では、必ずしも強い者が勝つとは限らない。そして、変化によって起こったさまざまな環境に、競争社会では生存できないような、多くの種類の弱い植物が生息する。そのため、攪乱がある方が、生息できる生物の種類は増える。

これが、一九七八年にアメリカの生態学者コネルが提唱した「中程度攪乱仮説」という法則である。

この仮説は、安定した環境よりも、変化のある不安定な環境の方が、多くの生物にとってチャンスがあることを示しているのである。

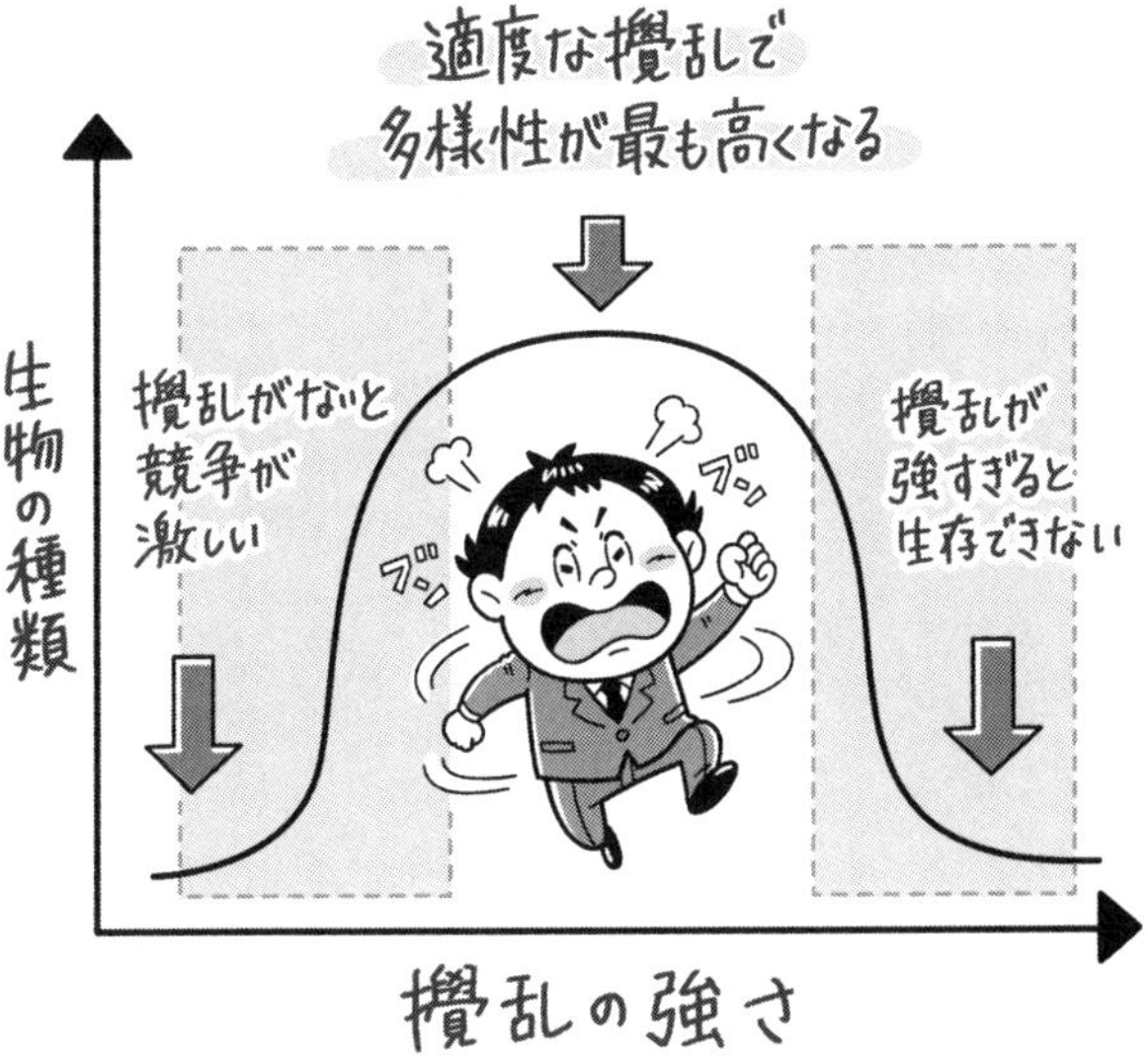
適度な攪乱で
多様性が最も高くなる
生物の種類
攪乱がないと
競争が
激しい
ブン
ブン
攪乱が
強すぎると
生存できない
攪乱の強さ

単純な評価軸で勝つのは強者

どうして複雑な環境では、多くのチャンスが与えられるのだろうか。
それは、多種多様な環境が作られるからである。
同じ環境がどこまでも広がっていたとすれば、勝者は決まってしまう。その環境でもっとも有利な植物が一面に広がることだろう。しかし、さまざまな環境があれば、さまざまな植物にチャンスがある。乾いた土地があったり、湿った土地があったり、暖かい場所や、寒い場所があったり、日当たりが良かったり、日陰だったり、斜面だったり、平坦だったりと条件が多様であればあるほど、それぞれの勝者が自分に有利な場所を選ぶ選択肢が増えるのである。

つまり、圧倒的な一人勝ちをする植物は現れにくいが、その代わり多くの植物にとって成功のチャンスが増える。そして、結果的に成功者の数が増えるのである。

これは植物の世界に限らないだろう。

オリンピックの競技種目が、もし一〇〇メートル走と二〇〇メートル走しかなかったとしたら、足の速い人が圧倒的に有利である。しかし、同じ足の速さでも一万メートルやマラソンなどの長距離の種目があれば、また別の勝者が現れる。

走り高跳びや走り幅跳び、ハンマー投げ、やり投げなど異なる種目が増えれば、それぞれ別の能力を持った人が勝者になるし、バレーボールやアーチェリー、馬術などさまざまな種目があると、さまざまな能力を持った人にチャンスが与えられる。

複雑になるということは、それだけルールの異なる種目が増えるということだ。要は、種目がたくさんあれば、自分に合った種目を選ぶことができる。

「速さ」「安さ」「大きさ」など単純な評価軸で勝負をしていれば、勝者は自《おの》ずと決まってしまう。一番速いものが勝者となったり、一番安いところが勝者となる。ナンバーワン以外はすべて敗者だ。

もしナンバーワンになれるだけの圧倒的な力を持たないとすれば、ルールは複雑な方がいい。

多種多様な「ものさし」があるからこそ、多くの者たちにチャンスが分け与えられるのである。

「不安定」「予測不能」こそチャンス

安定した条件では勝者の条件が決まってしまう。不安定な方が、誰もが勝者となるチャンスがある。

植物も同じである。攪乱が起こり、環境が乱されれば、そこにはさまざまな環境が出現する。たとえば、草刈りを考えてみよう。

もし、草刈りがない環境であれば、背の高い大きな植物が勝者となる。光を独占することができるからだ。この場合、勝者の基準となるものさしは「高さ」である。しかし、草刈りが行われれば、背の高い植物も刈られてしまうから、背の高さの競争は排除される。

草刈り後の環境で勝つために必要なことは何だろうか。

早く芽を出して早く花を咲かせることかもしれない。乾燥した土から水を吸う能力かもしれない。もしくは、そもそも草刈りされない背の低さかもしれない。

このように勝者の条件は多様になり、さまざまな能力のコンビネーションが能力となる。

よく草刈りが行われる田んぼの畦《あぜ》などに、スミレやタンポポ、ナズナなどたくさんの種類の小さな野の花が咲いているのはそのためである。

しかし、いくら植物にとって草刈りが逆境でも、草刈りが定期的に安定的に行われれば、その環境に適した強い植物が有利になってしまう。

ピンチも決まって起こるのであれば、さまざまな植物が対応してしまう。いつ草刈りが

多様な環境は
多様な勝者を生む

行われるかわからない。どの程度の草刈りが行われるのかわからない。こんな不確定要素がある方が、チャンスは増える。

重要なことは「予測不能」なことである。

「何が起こるかわからない」

この不安定な状況が複雑な環境を生む。そして、誰もが想定しなかったような予測不能なピンチこそが、ルデラルにとって多様なチャンスを生み出すのである。

オンリーワンはナンバーワンである

「ニッチ」は生物学用語

人気グループだったＳＭＡＰのヒット曲「世界に一つだけの花」では、「Ｎo.１にならなくてもいい　もともと特別なＯｎｌｙ　ｏｎｅ」と歌われている。この歌詞に対しては二つの意見があるだろう。

一つは、この歌詞で言うことはもっともだという意見である。常に競争を強《し》いられる現代社会である。しかし、ナンバーワンだけに価値があるわけではない。私たち一人ひとりは個性のある存在なのだから、それで良いではないかというものだ。

もう一つは、ナンバーワンにならなくて良いと言ってしまっては、努力することの価値がなくなってしまうのではないか。やはりナンバーワンを目指さなければならないのではないかという意見である。

どちらの意見も一理あり、説得力がある。

じつは、この「世界に一つだけの花」の歌詞は、ルデラルの哲学にとって示唆《しさ》的である。

それでは、ルデラルは、ナンバーワンとオンリーワンのどちらを選ぶのだろうか。

どうやら、ルデラルの考え方は、そんなに単純なものではないようだ。

ルデラルは弱者の戦略である。人間のマーケティングの世界では、弱者の戦略として「ニッチ（niche）」という言葉が使われる。強者のいない環境と聞いたとき、「ニッチ」という言葉を思い浮かべた方もいるだろう。

ニッチとは、大きなマーケットとマーケットの間の、すきまにある小さなマーケットを意味して使われることが多いが、この「ニッチ」は、もともとは生物学で使われていた言葉がマーケティング用語として広まったものである。

ニッチという言葉は、もともと装飾品を飾るために寺院などの壁面に設けたくぼみを意味する。しかし、やがてそれが転じて、生物学の分野で「ある生物種が生息する範囲の環境」を指す言葉として使われるようになった。生物学では、ニッチは「生態的地位」と訳されている。

一つのくぼみに一つの装飾品を飾るように、一つのニッチには一つの生物種しか住むことができないとされている。

有名なのは、生態学者ゲオルギー・ガウゼが行ったゾウリムシの実験である。ニッチを同じくする二種類のゾウリムシを一つの水槽で飼うと、餌《えさ》を十分与えているにもかかわらず、最終的にはどちらか一方のゾウリムシだけが増殖し、もう一方のゾウリムシを滅ぼしてしまう。飼育条件によってどちらのゾウリムシが生き残るかは異なるが、両方のゾウリムシが共存することはないのである。

種類の異なる生物どうしは、このように激しく餌を奪い合い、生活空間を奪い合う。そのため、一つのニッチには一つの種しか棲《す》むことが許されない。それがガウゼの法則と呼ばれるものである。

ナンバーワンしか生きられない。それが自然界の厳しい掟《おきて》なのである。

しかし、自然界を見れば多種多様な生物が共存しているように見える。ナンバーワンしか生きられない自然界で、どのようにして多くの生物が存在しているのだろうか？

ニッチをずらして居場所を確保

ナンバーワンしか生きられないとはどういうことか。たとえば、アフリカのサバンナを考えてみよう。

サバンナには、草原の草を食べるシマウマがいる。同じ草原にいるキリンは、地面に生える草ではなく、高い木の葉を食べている。

彼らにとってのニッチは、サバンナという単なる場所ではない。シマウマは「サバンナで草を食べる」というニッチを持っている。キリンは「サバンナで木の葉を食べる」というニッチを持っている。また、ライオンは、「サバンナで草食動物を食べる」というニッチを持っている。

こうして、ニッチの条件を分け合うことによってサバンナという場所を共有しているのである。

サバンナにはシマウマの他にもヌーがいるし、ライオンの他にもハイエナがいるではないかと思うかもしれない。しかし、草食動物の中でもシマウマは草の先端の穂の部分を食べて、ヌーはその下の茎や葉を食べる。トムソンガゼルはさらに背丈の低い草を食べている。

同じサバンナの草食動物でも、食べる部分が異なり、ニッチをずらしているのである。

ハイエナはライオンと獲物を争うこともあるが、ライオンのおこぼれに与《あずか》るという点ではナンバーワンである。

すべての生物はニッチをずらしながら、自分の居場所を確保しているのである。たとえるなら、まるでジグソーパズルのピースのように、すべての生物がニッチを奪い合いながら、生息場所を確保している。一つの場所に二つのピースが入ることはないのだ。

その結果、自然界の環境は、さまざまな生物のニッチで埋め尽くされているのである。

ナンバーワンになれるニッチを探す

マーケティングの世界では、ニッチは大きなマーケットのすきまを指す。しかし、そもそも生物学でいうニッチはすべての生物の居場所を指す言葉である。強者も弱者もそれぞれのニッチを持つから、ニッチには大きいものもあれば、小さいものもある。

ニッチが大きいということは、ジグソーパズルの大きなピースがあるようなものだ。そのニッチを一つの種が占めると、他の種は入ることができない。

まさにゾウリムシの実験が示したとおりだ。

それでは、ナンバーワン以外の生物はどうすれば良いのか？

どんなに弱い生物であってもナンバーワンにならなければ生き残れない。だとすればナンバーワンになれるニッチを何が何でも探すしかない。

ニッチが広い方が生息範囲は広がる。だが、だからニッチは大きい方がいいというのは、強い生物の論理だ。

弱い生物はニッチを欲張ってはいけない。ジグソーパズルのピースは大きいよりも、できるだけ小さい方がいい。小さいピースの方がはめ込むスペースが見つかりやすいというものなのだ。

百獣の王として、サバンナでナンバーワンになることはできなくても、他の動物が寝静まった夜に行動し、シマウマもライオンも見向きもしない土の中のミミズを食べるサバンナのハリネズミのようなニッチもある。

このように条件を小さく、細かくして、細分化されたニッチの中でナンバーワンとなるのである。

すべての生物はオンリーワンである。しかし、ナンバーワンになれない生物は生存が許されないという鉄則もある。そのため、生き残るには、どんなに小さくともナンバーワンになれる場所がなければならない。どんなに小さい場所でも、そこでは強者を含めたすべてのライバルに勝利しなければならないのだ。

ＳＭＡＰが歌うように、すべての人は「世界に一つだけの花」であり、もともとオンリーワンである。歌詞にあるように「花屋の店先に並んだ」花であるなら、それでもいい。しかし、自然界であれば、ナンバーワンになることのできるオンリーワンの場所を見出さなければ生き残ることはできないのだ。オンリーワンとは、自分が見出した場所のことなのである。

どんなに小さくとも、ニッチを勝ち取った生物が、この自然界を埋め尽くしている。世界のどこかの場所で、すべての生物はナンバーワンなのである。

「逆境」「変化」「複雑さ」がニッチを作る

弱い植物であるルデラルは、「逆境」と「変化」と「複雑さ」を好んだ。それは、この条件が環境を細分化し、多くのニッチを生み出してくれるものだからである。

先述のゾウリムシの実験（57ページ）を思い出してほしい。

水槽の中が均一の条件だったから、二種類のゾウリムシは、どちらか一方しか生き残ることができなかった。

もし、植木鉢を中に入れたらどうだろう。日がよく当たる植木鉢の外の空間と、植木鉢の中の日陰の空間とで、二種類のゾウリムシの優劣は異なるかもしれない。水草を入れたらどうだろう。水草の葉の間の空間と、水草のない広々とした空間を、棲み分けるかもしれない。

また、天敵となる小魚を入れれば、水草に隠れるものと、植木鉢に隠れるものとに分かれるかもしれない。

生き残るためには、ナンバーワンになれるニッチを探さなければならない。そして、「逆境」や「変化」や「複雑さ」は、そんなニッチを細分化することを助けてくれるのである。

ルデラルと呼ばれる雑草のニッチは、大まかには、逆境と変化の大きい場所ということになる。このニッチに強い植物は入り込んでこない。

しかし、雑草の中にもさまざまな種類がある。その中でまた、それぞれの種類の植物が自分だけのニッチを探さなければならない。そのため、種類によって細かくニッチを分けている。

水分の多いところに暮らす雑草もあれば、乾いた土地を好む雑草もある。肥沃《ひよく》な畑に生える雑草もあれば、やせた道ばたに生える雑草もある。公園に生えても畑には生えない雑草もある。同じように見えても、道ばたの環境が異なれば、生えている雑草も異なる。

実際には、一つの場所にさまざまな雑草が生えているので、どのようにニッチを分けているかは、人間の目にはわかりにくい。しかし、たくさんある雑草も、条件を細分化して、ニッチを分け合っているはずであると考えられている。

もちろん、ニッチは広い方がいいから、雑草は幅広い環境に適応しようとしている。しかし、ナンバーワンになれる条件は限られている。だから多くの雑草は、ニッチを細かくして、自分の居場所を作っているのである。

誰にも負けないカテゴリーを作る

私たちの生き方に照らし合わせて見るのであれば、生態学でいうニッチという言葉は、ポジショニングという言葉に置き換えた方がわかりやすいかもしれない。

もし、あなたが圧倒的な強者ではなく、ルデラルであるなら、世の中が当たり前と思っている価値観の中にポジショニングすることはけっして有利ではない。

大多数の人が目指しているところを目指すことは、相当の困難を伴うはずである。多くの人と競ってナンバーワンにならなければならないからだ。

どんな小さなことでもいい。他者に対して優位性を発揮できるカテゴリーを見つけ、そこに自分の立ち位置を見出すのである。できれば、それは他者が、特に自分よりトータルで強いライバルが入り込めないようなカテゴリーであることが望ましい。

自然の世界に学ぶならば、弱者は、このカテゴリーの選定をしなければ生き残ることはできない。

先述のように孫子は「彼（敵）を知り、己《おのれ》を知れば、百戦殆《あや》（危）うからず」と言った。しかし、「百戦百勝は善の善なる者に非《あら》ず」とも言った。百戦勝つよりも、戦わずに勝つ方が良いというのである。

何も百戦を戦わなければならないということではないのだ。戦わなくとも勝利することのできる場所を徹底的に探すことが大切なのだ。

個性の時代といわれて久しい。誰にだって個性はある。しかし、個性を活かして成功したいのであれば、誰にも負けないあなたのカテゴリーはどこか、探さなければならない。

雑草は、どこにでも適当に生えているイメージがあるかもしれないが、そうではない。田んぼに生えることのできる雑草は決まっている。畑に生えている雑草と、畑のまわりに生えている雑草は異なる。道ばたに生えている雑草もあれば、公園の芝生に生える雑草も

自然界は
ナンバーワン
しか
生き残れ
ない
どんなに小さくても
ナンバーワンになれる
場所がある
それが
オンリーワン
オンリーワンとは
居場所のことなんだ

ある。環境によって生えている雑草の種類は、おおよそ決まっている。雑草は自分に適した場所を選んで生えているのである。

ルデラルはみんなこうして強者に負けない自分の居場所を作っている。歯を食いしばって頑張ることだけが雑草魂ではないのだ。

Ⅱ　ルデラルの戦略

大きな相手とは小ささで勝負する

「大きくなる」という発想ではダメ

競争を好む強き植物の戦略は、極めてシンプルである。植物どうしの競争では、体が大きい方が圧倒的に有利だ。

何しろ、大きな植物は光を独占的に浴びることができる。一方、小さな植物は、大きな植物の陰となって満足に光を浴びることができない。

経済の世界でよく用いられる「スケールメリット」という言葉は、植物にこそふさわしい。

光をいっぱいに浴びた大きな植物は、その栄養を使ってますます葉を茂らせる。そして、光を浴びることのできない小さな植物は、大きくなることもできずに、大きな植物の陰で枯れていくのである。

植物についていえば、大きさの勝負で逆転することは難しい。

植物は、二倍、四倍というように、一定の割合で成長していく。そのため、最初の差はわずかであっても、成長するにつれて、その差は大きくなる一方である。

しかも、植物の場合は、最初の段階で体が大きな植物は、かなり優先的に光を浴びることができる。わずかでも後《おく》れをとれば、相手の葉の陰に甘んじてしまうのだ。わずかな有利不利で勝ち組、負け組が決まってしまう。そして、強者は常に強者であり続ける。植物の世界では、逆転はなかなか難しいのである。

「少しでも体を大きくする」

この発想で努力している限り、小さな植物は大きな植物を追い越すことはできない。小さな植物には、大きな植物とは、まったく違った発想が必要になるのである。

ルデラルは、けっして「大きさ」で勝負してはいけないのである。

木と草、どちらが進化した形？

ここで読者に問題を出そう。

植物には木と草とがあるが、はたしてどちらが進化した形だろうか。

高度経済成長期、「大きいことはいいことだ」という流行語があったが、この発想は人間の世界だけではない。植物の世界も本質的には同じである。安定した時代であれば、大きい方が圧倒的に有利である。

たとえば、かつて恐竜が繁栄した時代はそうだった。気候は温暖で安定し、地殻変動もない。

そんな時代には、とにかく大きい方が有利である。そして、植物はどんどんと大型化の方向に進化した。恐竜の時代には、数十メートルにもなるような巨大な木々が森を作っていたのである。

しかし、環境は変化し、恐竜は絶滅した。冷涼な冬が訪れ、地殻変動も起こり、さまざまな環境が出現した。こうなると、ただ大きければ良いというものではない。こうして植物は小型化の方向へと進化していったのである。

ルデラルと呼ばれる植物が出現したのは環境が不安定になった氷河期の頃からであるといわれている。そして、氷河期が終わる頃になると、次には人類が現れた。人類は村を作り、農耕をするために土地を改変して、不安定なさまざまな環境を作り上げる。強者と呼ばれる大きな植物たちは、このような環境の変化に対応することができない。こうしてルデラルな植物は不安定な条件下で繁栄していったのである。

さて、木と草はどちらが進化した形だろうか？

もう、おわかりだろう。種子植物についていえば、答えは草である。

安定した時代が崩壊し、変化の起こる時代になって、小さな草が進化した。木と草とでは、草の方がより進化した形なのである。

小さな会社が発展して大きな会社となる人間の基準で考えれば、大きいものの方が進化しているように見えるかもしれない。

もちろん、小さなものが変化して大きくなることも、重要な進化である。

しかし、植物は巨大な「木」から小さな「草」へと進化した。

安定した環境であれば、大きい方が優れていたが、変化の大きい時代には巨木では対応できない。一方、草は体が小さいから、さまざまな環境へ進出できる。

変化の大きい環境では、小さな草の方が巨木よりもずっと優れているのである。不安定な時代こそ、ルデラルが活躍する時代なのだ。

野の花が巨木に勝つ方法

激しい生存競争の中で、どうして小さな植物に生存の場ができたのか。もう一度、整理してみることにしよう。

植物と植物の戦いは、格闘技のようなものだ。

格闘技では、大きい方が圧倒的に有利である。格闘技では、小さい人が大きい人を倒すと拍手喝采《かっさい》を浴びる。それだけ、大きい方が有利ということだ。

かつて大相撲では、舞《まい》の海《うみ》という小兵《こひょう》力士が土俵を沸かせた。平成の牛若丸《うしわかまる》と称された身のこなしで、小柄な体で巨漢力士を翻弄《ほんろう》する取り組みに、いつも土俵は沸いたものだ。

とはいえ、相撲はあくまでも人間どうしの戦いである。体の大きさが何倍も違うということはありえない。

しかし、植物の戦いは違う。小さな野の花と、巨木が同じ土俵で戦うのである。巨漢力士と小兵力士が戦うレベルの話ではない。たとえれば、あなたが巨大化したウルトラマンと相撲を取るようなものだ。

ウルトラマンと相撲を取ることを考えてほしい。あなたは、どのようにウルトラマンに勝負を挑むだろうか。どのようにすればウルトラマンに相撲で勝つことができるだろうか。

大きな土俵では
大きな強者に勝てない
土俵が
小さければ
小さい者の
勝ち

じつは巨漢力士に勝つよりも、ウルトラマンに勝つ方がずっと簡単である。

どうしてだろうか。

もし、土俵が無限に大きければ、ウルトラマンに勝つ術《すべ》はない。しかし、土俵は大きさが決まっている。土俵の大きさは直径わずか四・五五メートル。この限られた範囲であれば、ウルトラマンは土俵の中に立つことさえできない。

大きい範囲で考えれば、大きい方が圧倒的に有利である。

しかし、小さい範囲であれば、小さい方が有利なのである。

土俵は小さければ小さいほどいい。

そんな都合の良い土俵はないというのなら、自分で小さな土俵を作ってしまおう。もし目の前に強者が立ちはだかったとしても、強者が入ってこられないような小さな土俵を作る。どうにも逃げられなかったとしても、この部分であれば負けないという小さな小さな土俵を作るのだ。

その小さな土俵から出ないで戦えば、何も恐れることはない。むしろ、その小さな土俵での戦いが、戦いのすべてであるかのように振る舞えば、誰もあなたを弱者だとは思わないだろう。

大きな者に対しては、大きさで勝負するよりも、むしろ小ささで勝負をした方が良いのである。

チャンスをとらえてスピードで勝負する

「善は急げ」か「急いては事を仕損じる」か

「善は急げ」と「急《せ》いては事を仕損じる」という、相反することわざがある。はたしてどちらが正しいのだろう。

どちらが正しいかは状況によって変わる。相反する二つのことわざは、どちらも正しいのである。

しかし、ルデラルにとってまず重要なのは、「善は急げ」だろう。

庭の草むしりをしても、一週間もすれば雑草の芽が一斉に生えてくる。さらにもう一週間もすれば、雑草はぐんぐん成長して生《お》い茂ってくるだろう。

とにかく雑草の成長は早い。

この早さこそが、ルデラルの武器である。ぐずぐずしていたのでは他者に先を越されてしまう。チャンスはいつまでも待っていてくれるわけではないのだ。

ルデラルにとっては、スピードこそが競争力である。ルデラルと呼ばれる植物は、変化する環境を生きる存在である。逆境と変化の中に身を置く彼らにとって、状況はいつ変わるともわからないのだ。

そもそも、彼らにとって変化はマイナス要因ではない。むしろ、変化を迅速《じんそく》にとらえて対応し、予測不能な変化をチャンスにしようとするのである。

戦国三英傑をルデラル哲学で見れば

「鳴かぬなら殺してしまえホトトギス」は織田信長《おだのぶなが》、「鳴かぬなら鳴かしてみしょうホトトギス」は豊臣秀吉《とよとみひでよし》、「鳴かぬなら鳴くまで待とうホトトギス」は徳川家康《とくがわいえやす》。

戦国時代に天下統一を目指した信長、秀吉、家康が残したとされる三つの歌は有名である。実際には、この歌は後世の作だといわれているが、戦国三英傑の異なる性格をよく表している。

中でも戦国に華々しく登場した信長は、雑草にたとえられる。

元経済企画庁長官で小説家の堺屋太一《さかいやたいち》さんは、その著書『歴史からの発想——停滞と拘束からいかに脱するか』（日経ビジネス人文庫）の中で信長を「巨大なる雑草」と呼んだ。変化を恐れず、激動の戦国を生き抜いた信長は、確かに「雑草」と呼ぶにふさわしい。

しかし、戦国時代に天下を目指した信長、秀吉、家康には、それぞれ共通した特徴がある。

それこそが、まさに「決断の速さ」である。

織田信長を世に出したのは、桶狭間《おけはざま》の戦いである。三万ともいわれる今川義元《いまがわよしもと》の大軍勢をわずかな手勢で破った大勝利は、荒天の機に乗じた奇襲によるものであった。まさに、機を逃さない即時決戦が、信長を勝利させたのである。

豊臣秀吉もそうである。本能寺《ほんのうじ》の変で信長が死んだことを知った秀吉は、備中高松《びっちゅうたかまつ》の戦いで争っていた毛利《もうり》家とただちに和睦《わぼく》を結び、中国大返しで取って返して明智光秀《あけちみつひで》を討った。知略に優れた豊臣秀吉を天下人に押し上げたのも、決断の速さと行動の速さだったのである。

徳川家康はどうだろう。「鳴くまで待とうホトトギス」と表現される家康には、じっくりと慎重に行動するイメージがあるが、ここ一番ではスピーディに動く人物だった。

徳川家康を天下人にしたのは、天下分け目の関ヶ原《せきはら》の戦いである。

東軍・徳川家康と西軍・石田三成《いしだみつなり》の決戦の地がどうして関ヶ原になったのか、どうして一日で決着するような短期決戦となったのかについては諸説あるが、関ヶ原の決戦における家康の決断と行動はすばやい。

状況はけっして家康に味方してはいなかった。

徳川秀忠《ひでただ》率いる徳川本隊が遅滞し、まだ到着していなかったのだ。しかし、長期戦になれば西軍には新たな援軍が集まる危険もあった。そして、寝返りを約束していた西軍の武将も心変わりしてしまう可能性もある。

そこで、家康は不利な状況の中でも、あえてこの機をチャンスと判断し戦いを仕掛けたのである。

信長、秀吉、家康という性格の異なる三英傑も、天下を取るきっかけとなったのは、奇《く》しくも、「時の利」をとらえた勝負どころでの決断の速さだった。その意味では、戦国時代を勝ち抜いた三英傑は、それぞれがともにルデラルの人だったといえるだろう。

「いつ出るか」は生死にかかわる大問題

戦国三英傑が世に出たのは、いずれも決断と行動が速かったからだ。

もちろん、そのためには絶対に欠かせないことがある。

今川の大軍が織田の領地に侵攻してきたことは、織田信長にとっては、大きなピンチだったはずである。しかし、信長は用意周到《しゅうとう》、味方にも明かすことなく準備を整えながら、じっと家臣の簗田政綱《やなだまさつな》からの情報を待っていた。そして情報を得ると、ただちに出陣したのである。桶狭間の奇襲は、十分に準備されたものだったのだ。

豊臣秀吉にとっては、本能寺の変は想定外の事故だった。しかし、本能寺の変の一日後には、秀吉は信長の訃報《ふほう》を得ていた。それだけ情報を管理して不測の事態へのリスク管理を怠《おこた》らなかった。まさにその情報管理と迅速な行動が、最大のピンチを千載一遇《せんざいいちぐう》のチャンスとしたのである。

徳川家康は辛抱の人だった。家康は秀吉が死に、豊臣を擁護する前田利家《まえだとしいえ》が死んで、強者がいなくなるときがくるのをじっと待った。まさに待ち続けた上に満を持して天下を取ったのである。

家康はこう言っている。

「戦《いくさ》では、強い者が勝つ、辛抱の強い者が」

まさに「戦わずして勝つ」究極の戦略といえるだろう。

三英傑に共通しているのは、準備を怠らずに時機をじっと待ち、訪れたチャンスを逃さずにすばやく行動をしたということだろう。

「善は急げ」が、ルデラルのモットーである。

しかし、ルデラルにとっては「急いては事を仕損じる」も正しい教訓である。

弱い植物であるルデラルにとって、いつ芽を出すかは、生死にかかわる重要な問題である。ただ早く芽を出せばいいというものでもない。「早さ」は大切だが、あわてて芽を出したはいいが、とても生存に適した環境ではなかったとしたら、何にもならない。土の上に芽を出してから、こんなはずではなかった、と後悔してもダメなのだ。

「雑草は育てるのが難しい」理由

植物の発芽に必要な条件は、「水」と「酸素」と「温度」の三つである。

だから、私たちが野菜や草花のタネをまいて、水をやれば、やがて芽が出てくる。

ところが、雑草は違う。雑草のタネをまいて育ててみたことがある人は少ないかもしれないが、雑草はタネをまいても、待てど暮らせど芽が出てこない。放っておけば勝手に生えてくるのに、雑草を育てようと思うとこれがなかなか難しいのである。

野菜や草花は芽を出せば、人間が水や肥料を与えて育ててくれる。しかし、雑草はそうはいかない。

発芽のタイミングを間違えれば、またたく間に干上がってしまう。春になったと勘違いをして、晩秋の小春日和《こはるびより》に芽を出してしまったとしたら、やがてくる寒さに枯れてしまうだろう。

ルデラルの成功にとって、一番重要なのは発芽のタイミングである。発芽のタイミングを誤ってはいけない。

だから、雑草のタネは、土の中でじっと芽を出すタイミングを見計らっている。このように「水」「酸素」「温度」という発芽の条件がそろっても芽を出さない性質を「休眠性」という。

「休眠会社」という言葉があるように、人間の世界では休眠は必ずしも良い言葉として使われないが、ルデラルにとって「休眠」は、行動を起こすタイミングを計る大切な戦略の一つなのである。

「草むしり」の直後がチャンス

成功には決断のタイミングが重要である。

それではルデラルたちは、どのように発芽のタイミングを決めているのだろうか。

中でも競争に弱い植物である雑草にとって重要なのは、競争相手となる大きな植物がいないということである。

せっかく芽を出したとしても、強力な競争相手である大きな植物にすでに覆《おお》われてしまっていたとしたら、元も子もない。十分な光を浴びることは許されず、枯れてしまうことだろう。

そのため、ルデラルである雑草は、競争相手となる大きな植物がいないことをもっとも重要な判断基準とするのである。

ふつうの植物のタネは土の中で芽を出すので、暗いところで芽を出す性質を持っている。ところが雑草は違う。雑草の多くは光が当たることによって芽を出す、「光発芽性」という性質を持っている。

光が地面にまで差し込むということは、まわりに大きな植物がいないということを意味している。そのため光が当たると芽を出しはじめるのである。

草むしりをすると、一斉に雑草のタネが芽を出してくるのはそのためなのだ。

草が生い茂った状態では、雑草のタネは芽を出さない。じっとそのときを待っている。しかし、草が取り除かれて地面に光が当たると、雑草のタネは「ときはきたれり」とばかりに行動を開始するのである。

人間にとっては草むしりをしているはずが、これでは雑草の芽生えを助けているようなものだ。

草むしりをされることは、雑草にとっては嫌なものである。しかし、雑草にとって大敵であるはずの「草むしり」こそが、ルデラルにとって最大のチャンスなのである。

チャンスの準備を怠らない

もちろん、迅速に芽を出すことができるのは、すでに発芽の準備ができているからに他ならない。つまりはエンジンをかけている状態だ。条件が良くなったからといって、それから準備を始めてエンジンをかけているようでは、とても間に合わないのだ。

時機がくるまでは待ち続ける。しかし、「果報は寝て待て」というが、寝て待っているだけではダメだ。雑草の種子は準備を怠らず、じっと発芽のタイミングを計っているので

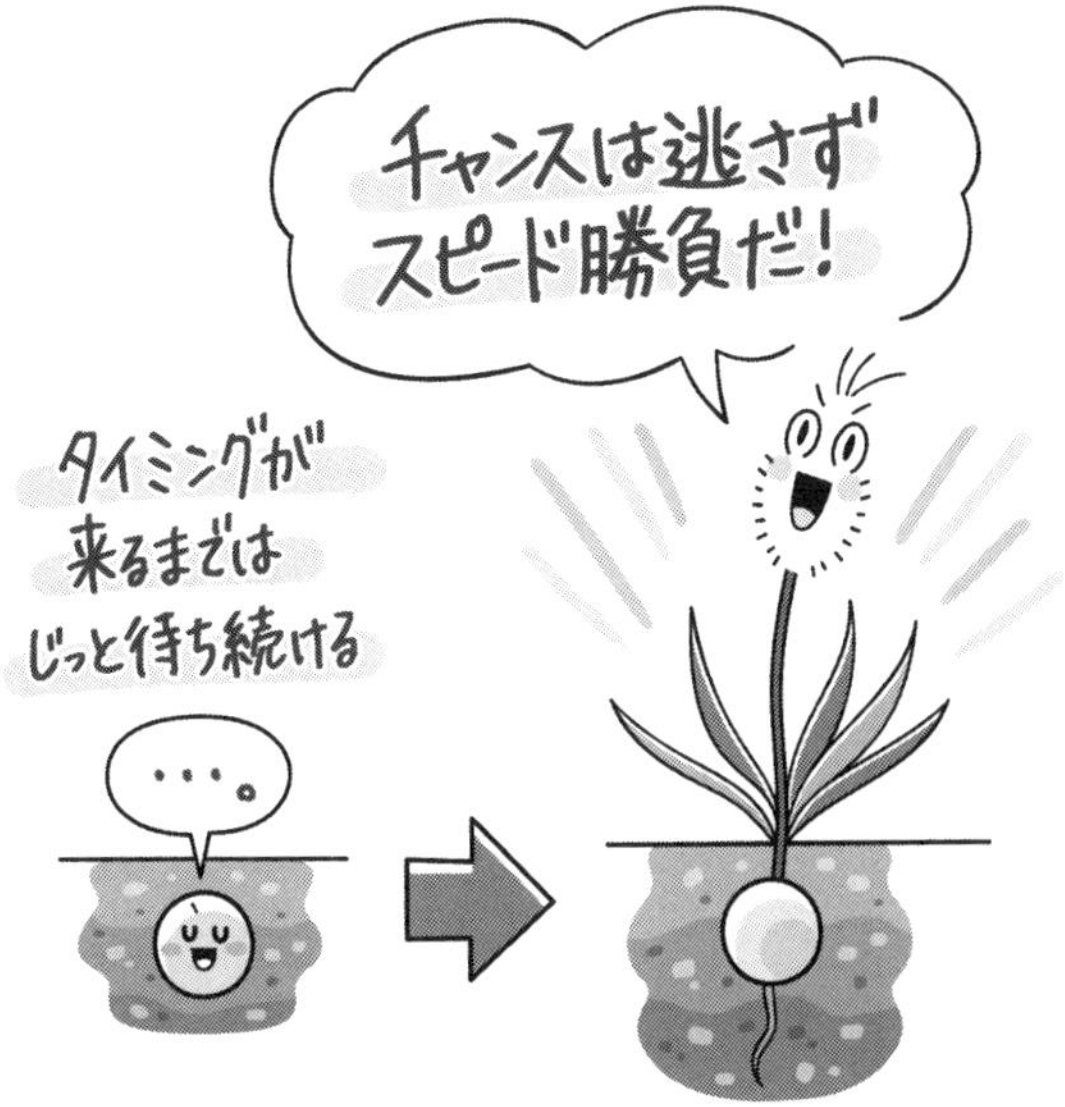
チャンスは逃さず
スピード勝負だ！
タイミングが
来るまでは
じっと待ち続ける
・・・。

ある。

そして、チャンスと見れば一気呵成《いっきかせい》に行動を開始する。これがルデラルの成功のポイントである。

「幸運とはチャンスに対して準備ができていることである」

アメリカの作家、J・フランク・ドービが残した言葉のとおりである。

チャンスはゆっくりとやってくるわけではない。チャンスは予兆なく劇的に訪れる。ある日突然、草むしりが行われたり、地面が耕される。昨日まで何事もなかったのに、突然、大きな変化が訪れる。それが雑草の発芽のチャンスである。その機をとらえて、行動を起こせるかどうかが勝負の決め手なのだ。

チャンスをとらえれば、あとは迷うことなくスピード勝負だ。

時間をかけて、芽を出すタイミングを慎重に見極めることは大切だが、一度芽を出したら、もう土の中に戻ることはできない。

そうだとすれば、一度行動を起こしたら、あとは迷うことなくスピーディな成長を遂《と》げるしかないのである。

多様なタネでチャンスを広げる

ひっつき虫は二種類の種子を準備する

しかし、とあなたは思うかもしれない。

スピードは大切だが、あまりにスピードを重視しすぎるのもケガのもとではないだろうか。確かにそうだが、雑草はその点についても、驚くほど抜かりがない。ルデラルは、スピードを重視することによる失敗のリスクをどのように管理しているのだろうか。

子どもたちに「ひっつき虫」の名前で親しまれているオナモミという雑草の戦術は極めてわかりやすい。

ひっつき虫といわれるトゲトゲしたものは、オナモミのタネではなく、オナモミの実である。このオナモミの実を開いてみると、タネが二つ入っている。

この二つのタネは、それぞれ違った性格を持っていることが知られている。

一つのタネは、環境条件が整うとただちに芽を出す。ところがもう一つのタネは、どんなに環境条件がそろっていても芽を出さない。このせっかち屋のタネと、のんびり屋のタネを組み合わせているところが、オナモミの戦略である。

前節では、スピードが大切だと述べた。しかし、もし自分の子孫であるタネが一斉に芽を出してしまったとしたらどうだろう。

どんなに条件が恵まれていたとしても、ルデラルが生きる環境は変化する環境である。いつまでも恵まれた環境が続く保証は一つもない。不測の事態も起こりうる。たとえば、気まぐれな人間が一斉に草刈りをしたり、除草剤をまいたりすれば、芽生えは全滅してしまうことになるだろう。

しかし、不測の事態が起こったときには、土の中に「のんびり屋」のタネがある。この気まぐれな「のんびり屋」が次々に芽を出していく。こうして何が起ころうと、オナモミの集団は次々に二の矢を継いでいくのである。

もし、何事もなければ「のんびり屋」の出番は少ない。「せっかち屋」の集団がスピードを活かして成功を収めることだろう。

どのタイミングで芽を出すべきか、判断するのは難しい。かといって、慎重になりすぎ

オナモミの実の中には
2つのタネがある
せっかち屋の
兄さん
兄
ZZZ…
弟
のんびり屋の
弟くん

て機を逃していたのでは、いつまで経《た》っても芽を出すことはできない。

だからこそ、オナモミは、二種類の種子を準備して、不測の事態に備えているのである。

ダラダラ、バラバラの強み

オナモミは象徴的なわかりやすい例であるが、多くの雑草の種子が発芽のタイミングにバラツキを持たせている。

すでに紹介したように、野菜や草花のタネをまけば、すぐに芽を出してくるが、雑草のタネをまいてもすぐには芽が出てこない。しかも、条件は同じであるはずなのに、一斉に芽を出してくることはなく、次々にダラダラと発生してくる。雑草の発芽のタイミングは、タネによってバラバラなのである。

このような雑草の発生は、「不斉一発生《ふせいいつはっせい》」と呼ばれている。

草むしりをしても、次から次へと雑草が芽を出してきて絶えることがないのは、このようにタネが多様性を持っているからなのである。

発芽だけではない。雑草のタネは、さまざまな特性を持っている。寒さに強いものがあったり、乾燥に強いものがあったり、病気に強いものがあったりと、雑草は強みも個性もバラバラな子孫を残すのである。

変化の中を生きるルデラルにとって、成功の答えは一つではない。そして、何が正しいかは、時と場合によって変わる。

だからルデラルは一つの答えを求めるのではなく、バラバラであることに価値を見出しているのである。

また、変化が起こる環境では、次の世代がどのような環境の中で生きなければならないのか、見当がつかない。

だから、雑草は自分の特性を押しつけるのではなく、できるだけさまざまなタイプのタネを残そうとするのである。

あらゆる可能性に賭けるために

植物のタネは、初期の成長を考えると大きい方が有利である。大きいタネは、それだけ大きな芽生えとなる。大きい芽生えの方が生存率も高まるし、その後の成長も早い。

しかし、植物が種子を生産するのに使うことのできる資源量は限られている。そのため、大きい種子を作ろうとすれば、その分だけ、生産できる種子の数は少なくなる。

逆に、たくさんの種子を作ろうとすれば、一つひとつの種子の大きさは、どうしても小さくなってしまう。

まさに、あちらを立てればこちらが立たず、こちらを立てればあちらが立たず。植物はこのようなジレンマを抱えながら、それぞれ、種子の数と種子の大きさを決めているのである。

それでは、逆境を生きるルデラルは、どのような種子生産を選択しているのだろうか。数は少なくとも大きい種子を選ぶだろうか。それとも小さくともたくさんの種子を選ぶだろうか。

じつはルデラルは「小さくともたくさんの種子」の方を選択している。

競争力を考えれば、大きい種子の方が有利である。しかしルデラルは、一つひとつの種子の生存率や競争率が低下しても、種子の数が多い方に価値を見出しているのである。ルデラルの生存の場は、変化が大きい。何が成功するかわからないというのが正直なところだ。だからルデラルは、あらゆる可能性に賭けて、たくさんの小さなタネをまくのである。

もちろん、すべてのタネが無事に芽を出すことができるわけではない。発芽に適した環

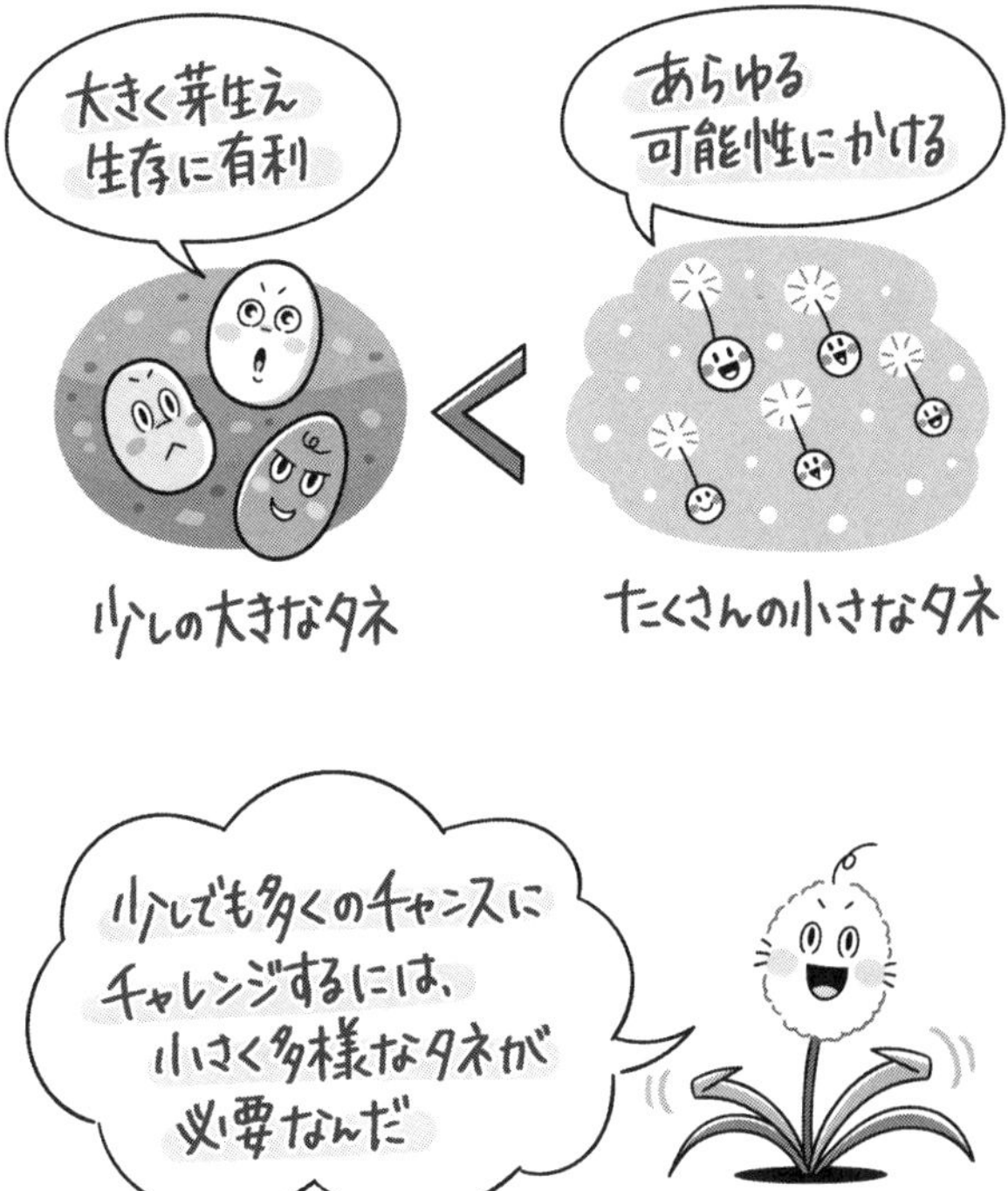
大きく芽生え
生存に有利
あらゆる
可能性にかける
少しの大きなタネ
たくさんの小さなタネ
少しでも多くのチャンスに
チャレンジするには、
小さく多様なタネが
必要なんだ

境に出合うことなく死滅してしまうものも多い。それでもいい。数多くの失敗をしても、少しでも多くのチャンスにチャレンジすることを選ぶ。それがルデラルの考え方なのである。

小さな成功を繰り返す

「短い命」に進化

植物は木から草へと進化したと71ページで紹介した。中でも一年以内に花を咲かせてタネを作ることのできる「一年草」（「一年生植物」とも）と呼ばれるライフスタイルは、もっとも進化した植物の形の一つである。

植物の進化は本当に不思議だ。

植物は大木となれば、何百年も生きながらえることができる。実際に樹齢千年を超えるような大木もある。それなのに、雑草は一年で寿命を終える道を選んで進化した。

どうしてだろうか。

私たちは、少しでも長生きしたいと願う。どんな生きものであっても、一日も長く生きながらえたいと思う。短い命に進化した一年草の選択は理解しがたいものがある。

望めば長く生きることもできるのに、どうしてルデラルな植物は、わざわざ短い寿命に進化したのだろうか。

ルデラルが短い命に進化した理由は明確である。

それは、目的をまっとうするためである。

植物の目的は花を咲かせてタネを残し、次の世代へと命をつないでいくことにある。寿命が短ければ、タネを残すまでに、それだけ不測の事態に出くわすリスクは少ない。そして、どんどん世代を更新して、新たな環境に対応していくことができるのである。

雑草と呼ばれる植物の中でも、畑のように変化の大きいところでは、一年草が有利になることが知られている。変化が大きい環境であればあるほど、一つのサイクルは短い方が良いのだ。

ここで話をまとめよう。

76ページ他で紹介したように、早い行動は成功のチャンスは大きいがリスクもある。そのリスクを回避する方法は二つある。

一つは前節で紹介したように、次善の手を用意し、小さなタネをたくさん残すこと。そして、もう一つは不測の事態による困難を避けるために、小さな目標を短期間で成功させることなのである。

サイクルとサイズを小さくする

人類も次の世代に命をつないでいくために生きているわけだが、そればかりのために仕事をしたり、日々、生きているわけでもない。ルデラルの生き方を、我々の仕事や人生に置き換えると、どのようなことが示唆《しさ》されるだろうか。

それは、仕事のサイクルを小さくし、成功のサイズを小さくするということになるだろう。

何年も経《へ》て大木となってから大輪の花を咲かせるのもいい。しかし、そこまで大きくなるまでには、さまざまなことが起こるだろう。

大嵐がきて幹が折れてしまうかもしれないし、気まぐれな人間が蹴飛《けと》ばして折ってしまうかもしれない。

安定した条件であれば、ゆっくりと大輪の花を咲かせるのも悪くないかもしれないが、ルデラルが生きるような変化のある条件では、時間をかければかけるほど、不測の事態が起こる可能性が高まるのだ。

しかし、小さいサイズで花を咲かせ、わずかでもタネを残すことができれば、植物としての生きる目的は達成される。どんなことが起こっても必ず目的を達成するために、ルデラルはその期間を短くしたのである。

つまり、大きな目標を掲げて長期戦を望むのではなく、とりあえず小さな目標を掲げて、短期間で達成してしまおうという考え方と言えるだろう。

そして一年草は世代を更新して、新しい時代の環境に適応していく。

ルデラルの戦略は、一代限りというものではない。植物の命はリレーされて未来永劫《えいごう》続いていく。こうした長期的視点に立ったとき、植物一世代の寿命という仕事の区切りは、できるだけ小さく、そして短期間である方が良いのである。

もちろん、人間の場合は、必ずしも世代交代しなければならないというものではない。私たちの人生は、一年草よりもずっと長い。一年草に学ぶとすれば、その長い人生の中で、期間を区切り、小さな目標を確実に達成することが重要だということである。

すでに63ページで紹介したように、ルデラルな植物は、変化に対応できるように、細分化したカテゴリーの中でポジショニングを行い、その小さな環境に合うように小さく進化した。そして、強くて大きな植物では持ちえないスモールメリットを発揮しているのである。

小さくすることで、変化に対応するというルデラルの考え方は、単に空間的な大きさに対してだけではない。時間軸に対しても同じなのである。

理想的な雑草のコンセプト

ルデラルな植物は世代を通じて、発展を遂げていく。しかし、個体レベルで見るとどうだろう。

「大きな成功を夢見れば、失敗するかもしれないから、とりあえず小さな成功を目指す」ルデラルのこの考え方は、何とも物足りないもののように思えてしまうかもしれない。

確かにルデラルはスピーディな成長で小さな成功を目指す。しかし、ルデラルの成長は、それだけにはとどまらない。

アメリカの雑草生態学者ベーカーは、一九七四年に「理想的な雑草のコンセプト」を発表したが、その中で、「成長が早く、速《すみ》やかに開花に至ることができる」ことと、「不良環境下でも幾らかの種子を生産することができる」ことを理想的な条件の中に挙げた。

雑草はどんな逆境の中にあっても花を咲かせる。逆境の中でも、必ず花を咲かせ、タネをつける。これぞ雑草の真骨頂と言えるだろう。

しかし、それだけではない。

ベーカーの「理想的な雑草のコンセプト」には、こんな項目も挙げられている。

「好適な条件では、生育可能な限り、長期にわたって種子を生産する」

一つの花を咲かせても、それで終わりではない。一つ花を咲かせたら、もう一つ花を咲かせる。

二つ目の花を咲かせたら、次の花を咲かせる。こうして一つの花を咲かせるというサイクルを何度も何度も繰り返すのである。

チャレンジが小さいから、たとえ失敗してもリスクは小さい。失敗しても失敗しても、小さな花を咲かせるチャレンジを繰り返せばよいのだ。

大輪の花を咲かせたいと思っても、大きな花を咲かせることは難しい。

しかし、小さな花でも次々と花を咲かせていけば、結果として大きな花にも負けないようなたくさんの花を咲かせることができるだろう。

植物の成長には、チューリップのように茎《くき》を伸ばして花を咲かせるものと、アサガオのように次々に花を咲かせながら、なおも成長し続けていくものとがある。後者は「無限成長」と呼ばれている。その名のとおり、限りなく成長していくのである。

しつこいといわれる雑草には無限成長するものが多い。

小さな花も数多く咲かせれば、大きな花を咲かせるのと何も変わらない。置かれている逆境を嘆《なげ》くよりも、まずは小さな花を一つ咲かせることから始める、それが大切なのである。

予測不能な環境で大きな成功はいらない

ルデラルは、まだ他の植物が生えていない未知の土地に生える。そして、ルデラルは、常に変化を続ける環境の中で育つ。

そんな予測不能な環境は、誰だって不安である。しかし、前例のあるような環境や、成功の方法がわかっているような環境には、競争力の強い植物がとっくに生えている。

予測不能だからこそ、ルデラルが活躍できるのだ。新しい土地にチャレンジするのに、あれこれ思い悩んでいても仕方がない。

とはいえ、未知の土地はリスクが大きいことも事実だ。

もし、未開の地で、リスクを負わないようにしようとすれば、行動を起こすことなどできない。

そこで、リスクを小さくするために、ルデラルは、まずたくさんの小さなタネを用意する。これは92ページで紹介したとおりだ。

そして一つひとつのタネは、すばやく芽生えて、小さな花を咲かせるという小さなゴールをすばやく目指すのである。もし条件が悪ければ、小さな花を咲かせて、次の世代のタネを残せば良い。

そして、もし条件が良ければ、小さな花を咲かせるというサイクルを繰り返す。

このように、世代を超えてチャレンジを繰り返すこともあれば、一つの株がチャレンジを繰り返すこともある。

いずれにしても、一つのサイクルを小さくするのがルデラルの戦略のポイントなのである。

大きなチャレンジをすれば、大きなリスクを負わなければならない。しかも大成功したとしても、次のチャレンジも同じ方法で成功するとは限らない。大きな成功をすれば、次もまた大きなリスクを負って大きなチャレンジをしなければならないのだ。

予測不能な環境で大きな成功はいらない。小さなチャレンジを行い、小さな成功を目指

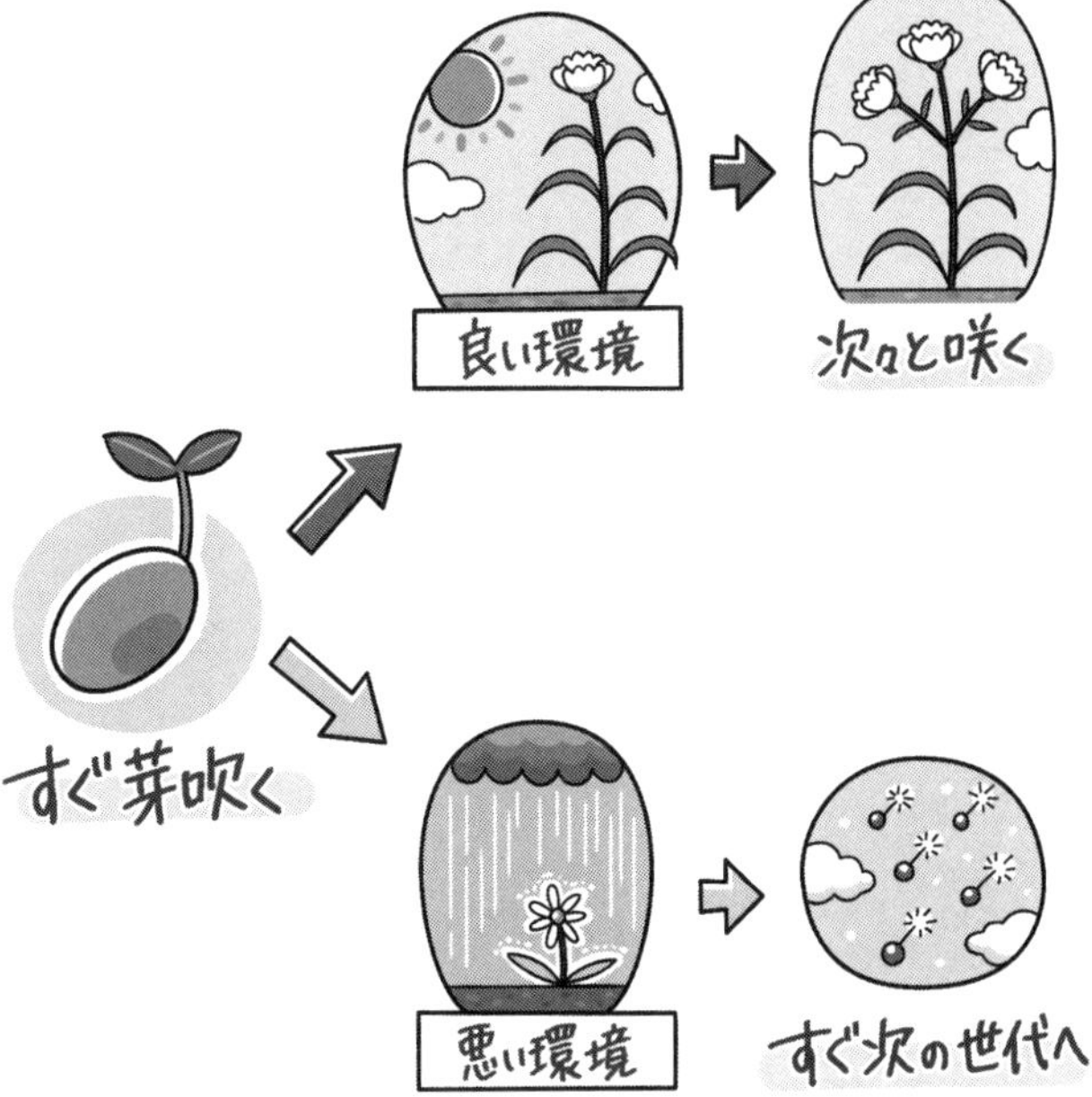
すぐ芽吹く
良い環境
次々と咲く
悪い環境
すぐ次の世代へ

す。

リスクを負うとしても、小さく失敗をして、すぐに次のチャレンジをする。このスピード感がルデラルの戦略なのである。

限りある命の価値

松本零士《まつもとれいじ》氏のSFアニメである『銀河鉄道999《スリーナイン》』は、主人公の星野鉄郎《ほしのてつろう》が永遠の命を得るために、「機械の体をくれる星」を目指して旅をする物語である。ところが、ついに「機械の体をくれる星」にたどりついた鉄郎は、永遠の命を手にした人々の堕落《だらく》ぶりに驚愕《きょうがく》する。

何しろ永遠の命を約束されているのである。今日やらなければならないことなど何一つない。生きる意味を見出せない人々は怠《なま》け呆《ほう》け、酒におぼれ、永遠の命を捨てて自殺する人までいる始末だった。その様子を見て、鉄郎は「限りある命の価値」を知るのである。

我々は、一年で枯れてしまう小さな一年草の植物に比べると、ずっと長い命を生きている。ただ、長いとはいっても限りある命である。小さな赤ん坊も成長を遂げれば、やがて老い、いつかは死んでいく。

しかし、じつは私たちも永遠に生きることはできる。

私たちの体は、自動車や電化製品が古くなるように、古くなるわけではない。人体は、細胞分裂をして常に新しい細胞を生み出して体を作っている。肌だって、赤ちゃんのときの肌をそのまま使っているわけではない。常に新しい肌を作っているのである。

それでも肌は老化していく。それは私たちの体の中の遺伝子が、自らの体を老化させているのである。私たちの死もまた、私たちが選んでそうしているのだ。

植物がそうであるように、命をつなぐために、命は自分自身に寿命を与え、次の世代へと命が伝わるような仕組みを作り上げた。それが命なのである。

自ら変化しても目的は失わない

「可塑性」という能力

前節で紹介したように、ルデラルと呼ばれる雑草は、どんなに厳しい条件でも花を咲かせてタネを残す。

踏まれても蹴られても、アスファルトのすきまで小さな花をひっそりと咲かせる姿は、いかにも雑草らしいと言えるだろう。

しかし、一方で雑草は条件が良い場所では、旺盛《おうせい》に生育する。栄養条件の良い畑などでは、作物を圧倒して傍若無人《ぼうじゃくぶじん》に生い茂る姿もまた、いかにも雑草らしい。

ひっそりと咲く姿と、旺盛に生い茂る姿。一見すると、まったく相反するようにも見えるが、どちらも雑草の実力を見せてくれる姿である。

雑草は、環境に合わせて体の大きさを変化させる能力を持っている。

ゾウは体が大きく、ネズミは体が小さいと決まっている。種類によっておおよその大きさが決まっているのである。

植物は動物に比べると大きさに変異があるが、それでも農作物などはおおよその大きさが決まっている。しかし、雑草は大きさがじつにフレキシブルである。同じ種類でも何百倍も大きさが異なることも珍しくない。

この「変化する力」のことを植物の世界では「可塑《かそ》性」という。雑草は「可塑性」が大きいことで知られている。

雑草は変化する環境に生きる植物である。変化し続ける環境に対応して、自らも変化できることは、雑草の重要な能力なのである。

「君子は豹変す」の本来の意味

状況は常に変化していく。

そのために必要なことは、これまで紹介したようにまずはスピーディに行動することだ。

そして、もう一つは変化を恐れずに、自らが変化して順応していくことである。

「君子《くんし》は豹変《ひょうへん》す」という言葉は、態度がコロコロ変わるというマイナスの意味で使われている。しかし、正しい意味はそうではない。『易経《えききょう》』にある「君子は豹変す」の本来の意味は、「君子というものは、状況に応じて、すばやく変化できる」という意味である。ルデラルは、自らの生存の場をポジショニングする。しかし、それだけでは安心できない。ポジショニングによって自らの立ち位置を決めたとしても、その環境は安定しているわけではないのだ。

環境は常に不安定に変化し続ける。

ましてや、ルデラルは攪乱《かくらん》によってチャンスを与えられている植物である。どんなにカテゴリーを作ってオンリーワンを誇ってみても、環境は常に変化し続ける。その変化に柔軟に対応できなければナンバーワンであり続けることはできないのである。

大きな草と小さな草の共通点

もちろん、節操もなくコロコロと変えてしまえばそれでいいということではない。

まわりの状況に合わせて変化させながらも、変えてはいけないものは間違いなくある。

不適な厳しい条件で小さな花を咲かせた小さな雑草と、好適な条件で旺盛に生育する大きな雑草には共通点がある。何だろうか。

一つは、その目的である。

小さな雑草も大きな雑草も、その数は違っても、間違いなく花を咲かせてタネをつける。当たり前のように聞こえるかもしれないが、農作物のような植物ではそうでもない。作物は、不適な条件では、生きていくのに一生懸命で花を咲かせる余裕がないことがある。また、肥料に恵まれた好適な条件では、競い合って葉を茂らせるのに一生懸命で、花を咲かせることを忘れてしまうこともある。

私たち人間の暮らしにも、似たようなところがないだろうか。

夢を追いかけて貧乏生活をしているはずなのに、暮らしていくのに精いっぱいでいつしか夢を実現する努力をやめてしまったり、また、目的を達成するためにお金を貯めていたはずなのに、大金を手にしたとたん散財したり、逆にお金そのものが大切になってお金を使うのが惜しくなったり、ついにはお金儲《もう》けに走ったり、そんなことはないだろうか。

雑草は、小さなものも大きなものも目的を見失わない。常に目的に向けて最大限の力を注ぐ。これが当たり前に行われているのが、雑草のすごいところなのである。

しかも、小さな雑草も存分に力を発揮してタネを作る。大きな雑草も怠ることなく次々にタネを作り続ける。不適な条件でも好適な条件でも最大限の力を発揮する。これがもう一つの共通点である。

置かれた状況で、常にベストパフォーマンスを発揮する。

見た目には大きく異なる小さな雑草も、大きな雑草も、その生き方には何一つ違いはないのである。

「陣地拡大」か「陣地強化」か

雑草の生育タイプは、大きく分けて二つある。

一つは、横へ横へとテリトリーを拡大していく「陣地拡大型」と呼ばれるものである。これに対してもう一つは、上へ上へと伸びて、自分のテリトリーでの競争力を強化する「陣地強化型」と呼ばれるものである。

テリトリーを広げる「陣地拡大型」と、テリトリーを強める「陣地強化型」。ルデラルにとっては、どちらのタイプを選ぶ方が有利になるだろうか。

どちらが有利になるかは、状況によって異なる。

ライバルもなく、広々と荒野が広がっているような場所では、横へ横へと伸びてテリトリーを拡大していく方がいい。しかし、すぐ横にライバルがいて、油断しているとライバ

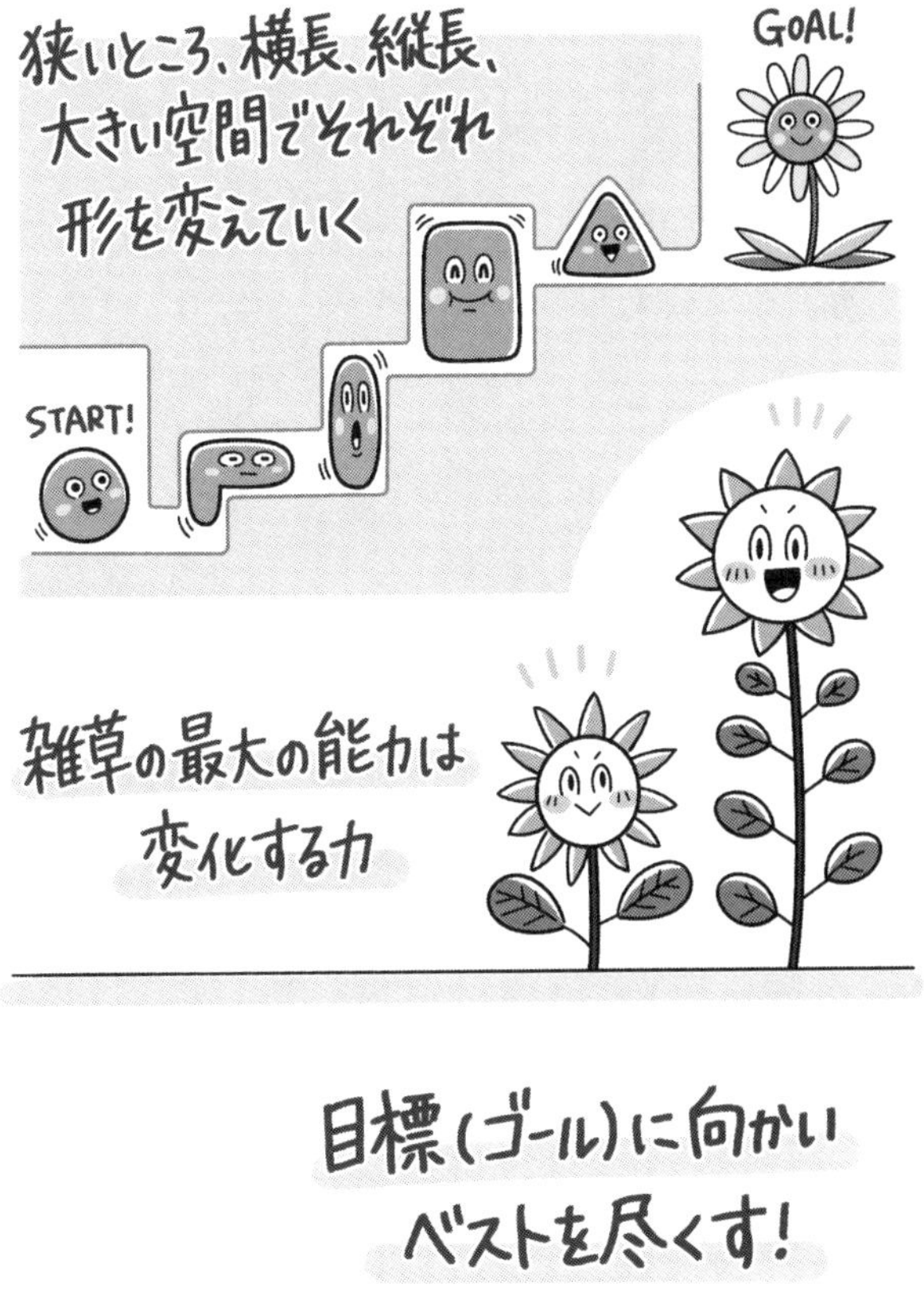
狭いところ、横長、縦長、
大きい空間でそれぞれ
形を変えていく
GOAL!
START!
雑草の最大の能力は
変化する力
目標（ゴール）に向かい
ベストを尽くす！

ルに覆われてしまうような草むらであれば、少しでも上に伸びてテリトリーを守る必要があるのだ。

横に伸びる陣地拡大型の生育をする雑草は、よく踏まれるようなグラウンドや、埋め立てられたばかりの空き地など、広々とした空間が広がる荒れ地を得意とする。

一方、縦に伸びる雑草は、他の雑草も生えるような草むらや、農作物が栽培される畑などでの生育を得意とする。

さらに、そのどちらの環境をも得意とするすごい雑草もいる。はたして、それらの雑草はどのような生育型を持っているのだろうか。

オプションは限られている。横に伸びるか、縦に伸びるかだ。そうだとすれば、話は単純である。

どちらの環境も得意とするすごい雑草。それは両方の生育型を使い分ける雑草である。ライバルのいない広々とした場所では横へ伸びていく。しかし、ライバルが現れれば一転して横に伸びていた茎を立ち上げて、上へ上へと伸びていくのである。

やっかいな雑草として知られているメヒシバや、イヌビユ、ツユクサなどは、「陣地拡大型」と「陣地強化型」の両方の生育を巧《たく》みに使い分ける「使い分け型」である。

何が正しいかはわからない。

ルデラルにとっては、一つの正解を求めるほどリスクのある考え方はない。複数のオプションを用意して、状況によってフレキシブルに使い分ける。これがルデラルに求められる能力なのである。

雑草は変化を恐れず、自らも柔軟に変化する。

動けない植物は環境が変化したからといって、簡単に逃げ出すことはできない。環境は変えることができない。しかし、自分は変えることができる。

そうだとすれば、環境に合わせて自らを変化させるしかないのである。

踏まれても立ち上がらない

強風には立ち向かわない

台風中継を見ていると、太い大木が強風で根こそぎ折れて倒れている映像が映った。おそらく想像を超えるような、ものすごい強風が吹き荒れたのだろう。

しかし、そんな大木が倒れているその横で、小さな雑草が風に揺れていた。

「柳に風」のことわざではないが、強固な体で強風に耐えるよりも、風になびいて体を倒してしまった方が、嵐にはずっと強い。

環境に逆らっても仕方がない。国難を嘆いてもしようがない。むしろ、なびいて倒れてしまった方が良いのである。

よく踏まれるところに生える雑草も同じである。

強情に踏みつけと力比べをするよりも、踏まれたらしなやかに倒れてしまう方が、ダメージが少ない。

踏みつけに強い雑草は、このしなやかさを持っている。

オオバコはよく踏まれるところに生える雑草の代表格である。オオバコの葉はとてもやわらかい。このやわらかい葉で踏まれたダメージを軽やかにかわすのである。しかし、やわらかいだけではいけない、オオバコは葉の中に丈夫な筋を持っている。この筋があるので、オオバコの葉は踏みにじられてもなかなかちぎれない。

オオバコの茎は逆に、外側は硬いが、内側はスポンジ状になっていてとてもやわらかい。そのため、しなやかで折れにくいのである。

オオバコだけでなく、よく踏まれるところに生える雑草は、やわらかさと硬さをあわせ持った構造をしている。このやわらかさと硬さこそが、雑草の強さの秘密なのである。

踏まれたら地面に伏せたまま

踏まれても踏まれても立ち上がる。これこそが、誰もが期待する雑草の姿だろう。人々は、踏まれても踏まれても、負けずに立ち上がる雑草の生き方に、自らの人生を重ね合わせて、喝采を惜しまない。

そんな雑草の強さにあこがれる方々には誠に申し訳ない話だが、残念ながら雑草は踏まれたら立ち上がらない。一度や二度、踏まれたくらいなら立ち上がるかもしれないが、何度も何度も踏まれている雑草は、もはや立ち上がらないのである。

歩道やグラウンドなど、よく踏まれるような場所を見てみると、どれも、ぺったりと地面に張りついている。これは、踏まれて倒れてしまったのではなく、自分から地面に伏せているのである。

立ち上がれば、踏まれたときに茎が折れたり、傷ついたりしてダメージが大きい。そのため、最初から地面にぺったりと伏せておいて、踏まれたときにダメージを受けないようにしているのである。

タンポポは、茎を伸ばして花を咲かせるが、何度か踏まれて刺激を受けると、茎を横に伸ばして、地面に近いところに花を咲かせるようになる。こうして、踏まれたときのダメージを小さくしているのである。

「踏まれても大丈夫なように立ち上がらない」という雑草の作戦は、「雑草魂」と言うには、何とも期待はずれで情けないもののように思えてしまうかもしれない。

しかし、そうではない。

大切なのは、立ち上がることではない。どんなに踏まれてもしっかりと生き抜いて、花を咲かせてタネを残す。これが雑草にとって、もっとも大切なことである。その大切なことさえ見失わなければ、小さなプライドなどはっきり言ってどうでもいい。

踏まれても踏まれても立ち上がるような無駄な努力をするよりも、どう思われようと、地面にぺったりと伏せている方が、よっぽど目的にかなった生き方なのだ。

踏まれても立ち上がるという単純な根性論よりも、雑草の生き方はもっと、したたかなのである。

目的のためには自ら枯れる

人気アニメ『ドラえもん』のエンディングソングとしても歌われた、ロックバンド、THE ALFEEの「タンポポの詩《うた》」には、こんな歌詞がある。

自分を見失わないで　自由に生きるんだ！
踏みにじられて倒されても　何度も起き上がるんだ！
どんな時だって陽《ひ》は昇る

朝焼け空が染まる前に　答えを見つけるんだ！
あきらめないで頑張り抜く　強い気持ちでいるんだ！
雨にも風にも負けないタンポポのように

私はこの歌が好きである。

タンポポの花のようにやさしくも強いこの歌詞を聞くと、涙が出そうなくらい心が揺さぶられるし、体の底から勇気がわいてくる。

しかし、すでに紹介したように、タンポポは踏まれても何度も起き上がるようなことはしない。立ち上がるかどうかは大切なことではない。タンポポは踏まれてもあきらめない。だから立ち上がらないのだ。

タンポポには日本に昔からある在来の日本タンポポと呼ばれる仲間と、外国からやってきた外来の西洋タンポポと呼ばれる仲間がいる。

日本タンポポが咲くのは春である。ところが、花が咲き終わると日本タンポポはあろうことか葉を枯らせてしまう。

初夏になれば太陽の光も強くなり、気温も上がる。これからが、光合成をしたり成長す

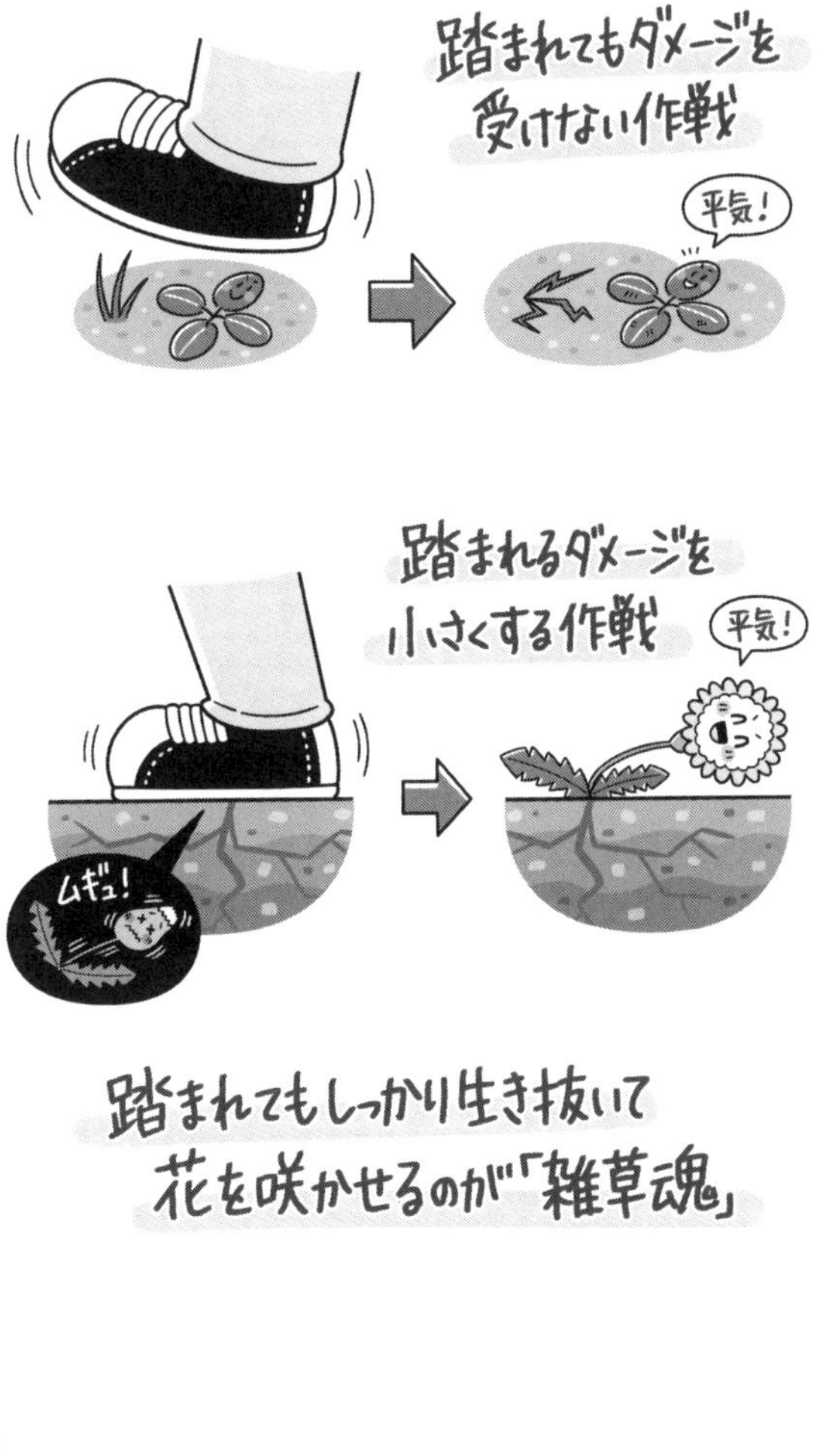
踏まれてもダメージを
受けない作戦
平気！
踏まれるダメージを
小さくする作戦
平気！
ムギュ！
踏まれてもしっかり生き抜いて
花を咲かせるのが「雑草魂」

るのに最適な時期だというのに、どうして枯れてしまうのだろうか。

夏になると、他の草が生い茂り、小さなタンポポには光が当たらなくなってしまう。そこで、タンポポは光が当たらなくなる前に、自ら葉を枯らして、根っこだけになってやり過ごすのである。

夏を土の中で過ごすタンポポのこの戦略は「冬眠」の逆で「夏眠《かみん》」と呼ばれている。ルデラルである日本タンポポは無駄な戦いはしない。さっさと眠ってしまうのである。目的のためには、自ら枯れる。これがルデラルである。

ちなみに、夏眠は昔から日本にいる日本タンポポだけが行う戦略である。

外国からやってきた西洋タンポポは日本の四季の自然を知らないので、夏眠ができない。そのため、草が生い茂るような場所では西洋タンポポは生えることができないのである。

その代わり西洋タンポポは、草が生い茂ることのない街中の道ばたなどで、夏の間も花を咲かせてせっせとタネを飛ばしている。よく似たような日本タンポポと西洋タンポポも、まるで住んでいる場所もその生き方も異なるのだ。これもポジショニングということなのだろう。

かわいらしい花を咲かせるタンポポだが、その見た目とは違って、じつにしたたかなルデラルなのである。

見えないところで力を蓄えて骨太になる

根っこは苦しいときにこそ伸びる

植物にとって根っこは水や養分を吸収したり、体を支えるための大切な器官である。根っこがなければ、植物はたちまち干上がってしまうし、根っこが十分に張っていないと、茎が簡単に倒れてしまう。

同様に、人間にとっても「根っこ」は大切なものだ。「根気」や「根性」「根本」など、「根」という言葉が人の本質を表すことからもそれがわかる。

それでは、その根はいつ伸びるのだろうか。

水栽培されているヒヤシンスなどを見ると、短い根が出ているだけで、根っこはあまり伸びていないし、細かい根はほとんど生えていない。水が十分にある条件では、必要以上に根を伸ばす必要がないのだ。

水がないところでは、植物の根は水を求めてグッと深く伸びる。そして、四方八方に張りめぐらされた根が、大地をしっかりとつかむのである。

根が成長するのは、条件に恵まれたときではない。苦しいときにこそ、根が伸びるのだ。恵まれたときは、茎を伸ばしたり葉を茂らせるのに忙しくて、根は伸びている暇がない。干されたときこそが成長のチャンスである。

土の下に伸びた根っこは、目には見えないがその植物の実力そのものである。

毎日、水を与えている庭の草花が夏の日照りで萎《しお》れているのに、誰も水をやらない道ばたの雑草は青々と茂っている。日照りにあったときに、その植物の真の強さがわかる。

雑草に水をやる人はいない。けっして恵まれた条件に生えているとは言えない。だからこそ、毎日、水を与えられている草花とは根の張り方が違うのである。

地面の下で成長する

土の中の見えない成長は実力の証《あか》しである。そうだとすれば、土の中に根っこを張るだけでは惜しい。

そう考えたのか、ルデラルと呼ばれる雑草の中には、根ばかりか茎までも土の中に伸ばすものが少なくない。

土の中に伸ばす茎は「地下茎《ちかけい》」と呼ばれている。

たとえば、草餅《くさもち》の原料となるヨモギは、地面の上に茎を伸ばし、立派な株となる。しかし、地面の上で茎を伸ばす成長にはリスクも多い。強風に倒されるかもしれないし、草刈りをされてしまうかもしれない。

そこで、地面の上で光合成を行って稼《かせ》いだ栄養分を使って、地面の下に水平方向に茎を伸ばしていくのである。そして、地面の下に伸ばした茎から、芽を出して別の場所に株を作る。こうして地下茎で、どんどん株を増やしていくのである。

問題雑草と呼ばれるやっかいな雑草には、このような地下茎を持っているものが少なくない。

どんなに草刈りをしてもビクともしない。地面の上の茎や葉を取り除かれても、地面の下に張りめぐらせた地下茎から、何度でも芽を出すことができるのだ。さながらゲリラ戦のようである。

子どもたちがつくし摘《つ》みをするツクシも、地面の下に地下茎を張りめぐらせている。ツクシは、シダ植物であるスギナが胞子《ほうし》を飛ばすための胞子茎と呼ばれる器官で、ふつうの植物では花に相当する器官である。

「ツクシ誰の子　スギナの子」と歌われるが、ツクシとスギナは地下茎でつながっている。スギナの地下茎は深さ一メートルくらいまで伸びるというからすごい。少しばかり草刈りをされても、除草剤をまかれても、地中奥深くから、何度でも蘇《よみがえ》ってくる。子どもたちに人気のツクシも、本当は相当にしつこい雑草なのだ。

土の上で伸びるだけが成長ではない。

「土の下の成長」をオプションとして持つことは、ルデラルの生き方をより骨太にする。地上で成長が見込めないときは、地面の下で茎を伸ばしていけばいいのだ。

地面の上での成長が難しいと思ったら黙ってグッと地面の下にもぐる。そんな成長も良いではないか。

地面の下に伸びることも、立派な成長である。何もわざわざ成長を人目にさらすこともない。上にばかり伸びても抜かれるだけだ。

地面の下の成長は人には見えない。しかし、だからこそ地面の下で成長した雑草はやっかいなのである。

冬眠せずに夏眠する

冬というのは寒く、日の当たる時間が短く、冷たい風が吹き、乾燥している。生きものにとって過酷な季節である。

植物にとって、もっとも安全な冬の過ごし方は土の中で過ごすことである。ヘビやカエルが土の中で過ごすように、土の中は地上に比べれば暖かい。タネで土の中に潜《ひそ》んでいてもいいし、地下茎や芋のような器官で土の中で過ごしてもいい。多くの植物は、秋には枯れて、土の中で春がくるのをじっと待っている。

ところが、そんな寒い冬にわざわざ地面の上に葉を広げている雑草を見かける。

たとえば、タンポポがそうだ。

タンポポのうち日本タンポポなどは、すでに紹介したように夏の間は葉を枯らして夏眠している。それなのに、冬の間は冬眠せずに霜《しも》に耐えながら地面の上に葉を広げているのである。

タンポポと同じように、冬の間も多くの小さな雑草が葉を広げている。

タンポポが咲く地面の下には、ゴボウのように太い根っこが地中深く伸びている。タンポポは冬の間に光合成で蓄えた栄養分をせっせと地面の下にため込んでいる。地面の上に

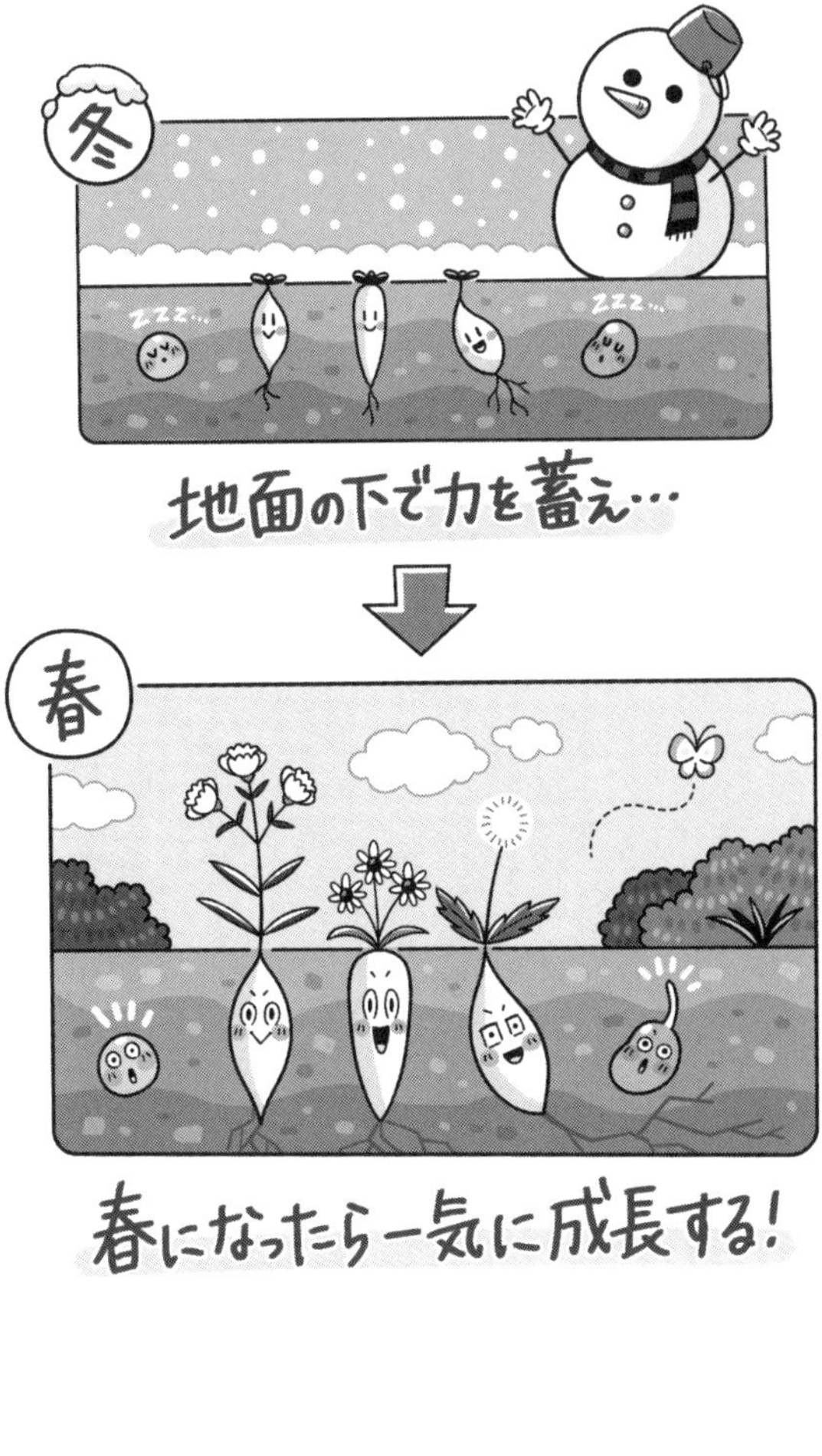
冬
ZZZ…
ZZZ…
地面の下で力を蓄え…
春
春になったら一気に成長する！

茎を伸ばしても霜や寒風で傷《いた》んでしまうだけだから、地面の上ではほとんど成長しない。じっと地面の下に力を蓄えるのである。

そして、春になって暖かくなると、地面の下に蓄えた栄養分を使って、一気に茎を伸ばし、花を咲かせるのだ。

他の雑草も同じである。冬の間に光合成で稼いだ栄養分は、地面の下へと蓄えていく。そして、春になるといち早く花を咲かせるのである。

土の中に眠っていた他の植物のタネが芽を出しはじめた頃には、もう間に合わない。寒さに耐えた小さな花たちはもう花を咲かせている。まだ肌寒い早春に、花を咲かせて、私たちに春の訪れを感じさせてくれるのは、いずれも冬の間も葉を広げていたものたちだけである。

これらの花の戦略は、他の植物が芽生えて大きくなる頃にはすでに花を咲かせて、タネをいち早く残そうというものである。

春のはじめは飛んでいる昆虫も少ないが、咲いている花も少ないので昆虫を独占できる。しかも、大きく育つ他の植物と競争することなく、一気にタネを残してしまうのである。

いわば、他の花とずらして花を咲かせるポジショニングである。しかし、ただ他の植物と違うところにポジショニングしているだけではない。いち早く花を咲かせるルデラルは、寒い冬の間に、しっかりとそのための準備をしている。そして、その秘密は、見えない土の中にあるのである。

Ⅲ　ルデラルな生き方と日本人

雑草を愛する国、愛さない国

欧米人に「雑草のような人だ」と言ったら？

元巨人軍の投手で大リーガーとなった上原浩治《うえはらこうじ》氏は、高校時代には控えの投手で、大学にも浪人した苦労人である。そんな彼は自らを「雑草魂」と称していた。

日本では、無名から這《は》い上がり有名になった努力家は、よく「雑草」と呼ばれる。

しかし、ただ単に無名なだけでは「雑草」とは呼ばれない。草野球や草の根運動のように、一般大衆を「草」という言い方をすることはあるが、「雑草」という称号は選ばれた勝者にのみ与えられる特別なものである。

困難を乗り越え、成功にたどりついたとき、彼らは初めて人々から「雑草」と称賛されるのである。

このように、雑草という言葉にはどこか「かっこいい」響きがある。その一方で、雑草そのものは普段の生活の中で邪魔者扱いされている。この違いはいったい何なのだろうか。

「雑草」と対極にある言葉は「温室育ち」だろう。

お金をかけて環境を完備し、手間暇をかけじっくりと育てられた「温室育ち」は、本来であれば称賛されてもいいはずだ。なのに、雑草と比べると、どこかネガティブなイメージがつきまとう。

スポーツ漫画やドラマでは、主人公は弱小チームに所属していることが多い。そして困難を乗り越え、チームは力をつけて次第に成長していく。そのとき、敵役《かたきやく》として立ちはだかるのが、エリートの集まった強豪チームである。

刑事ドラマでは、名推理をしたり、派手なアクションで犯人に迫る主人公の多くは現場のたたき上げだ。そして、その刑事の障害となるのが、決まってエリートの上司である。

エリートたちだって、それ相応の努力をしているはずである。それなのに、才能に恵まれ、整えられた環境で才能を開花させたエリートが嫌味な印象をぬぐえないのに対して、泥にまみれて花を咲かせた「雑草」に人々は感嘆し、惜しみない拍手を送る。

「あなたは雑草のような人ですね」

と言われると、何となく褒《ほ》められたようなくすぐったい気分にならないだろうか。

しかし、「雑草」と呼ばれて喜ぶのは、私が知る限り日本人くらいのものである。もし、欧米人に「あなたは雑草のような人だ」と面と向かって言ったとしたら、間違いなく張り倒されるだろう。

英語で雑草は「ウィード」と言うが、ウィードに良い意味はまったくない。英語では「雑草は死なない」ということわざがある。これは「憎まれっ子、世にはばかる」ということだ。

つまり、ウィードが人間にたとえられるとき、それは「やっかい者」とか「嫌われ者」という意味なのである。

もう少し説明すると、西洋でも役に立つ雑草はあるが、それらは「ハーブ」と呼ばれて区別されている。「ウィード」が役に立ったり、良い意味で使われることはない。

中国や韓国には、雑草を一方的に悪者と決めつけるのではなく、薬草のように役に立つ良い草と、農作物に害を及ぼす悪い草とに分ける考え方はある。しかし、やはり私が知る限り、日本のように害を及ぼす「雑草」を褒め言葉で使う国はないのである。

日本は「雑草」を愛する不思議な国だ。

雑草がやっかいな嫌われ者であるのは日本も他国も同じなのに、どうして日本では雑草が、ポジティブなイメージを持って受け入れられているのだろうか。

西欧の雑草、日本の雑草

欧米の人々は雑草を毛嫌いしている。これに対して、日本人は雑草に悩まされながらも、雑草に対してある種のあこがれを抱いている。

もしかすると、ヨーロッパの雑草は日本の雑草よりも相当に手強《てごわ》く、やっかいなのではないだろうか。

しかし、実際にはその逆である。

田畑が使われなくなって荒れ果てた耕作放棄地という問題があるのだが、日本の耕作放棄地は作物を植えなければあっという間に雑草だらけになってしまう。それに対し、ヨーロッパの耕作放棄地は何年も放棄された畑でも、雑草は少ない。雨が少なく冷涼で、乾燥した気候のヨーロッパでは、日本のように雑草がどんどん生《お》い茂ることは少ないのだ。

日本でこんなことは考えられない。

高温多湿な日本では、雑草はじつによく伸びる。

数か月も草取りをせずに放っておけば草ぼうぼうになって、一面を覆《おお》い尽くされてしまう。抜いても抜いても生えてくる庭の雑草に悩まされている方も多い。年に何回も行われる公園や道路の草刈りには、毎年膨大な予算が使われている。

農業にとって雑草は、もっと深刻で切実な問題だ。高温多湿な気候にある日本の農業の歴史は雑草との戦いであったと言っていい。除草剤のない昔は、何度も何度も田んぼや畑の草取りをしなければならなかった。

雑草の生育の旺盛《おうせい》さから言えば、日本は欧米の比ではない。日本人は、古くから雑草に苦しめられてきたのだ。

そんなに苦しめられてきたはずなのに、日本人はどうして雑草を愛するのだろうか。ますます不思議である。日本人にとって、雑草とはいったい何なのだろうか。

雑草とオオカミ

困り者であるはずの存在を称《たた》える。日本人のそんな考え方は、雑草以外にも見られる。オオカミである。

山林で最強の肉食獣であるオオカミは、西洋では恐ろしい存在と考えられてきた。日本でもそれは同じである。しかし、人々はオオカミを恐れながらも、その存在を敬ってきた。

オオカミの名は「大神」の意味である。山の神社ではオオカミを祀《まつ》るところも少なくない。オオカミは恐ろしい存在であるが、畑を荒らす害獣を駆除してくれる存在でもあったのだ。

ネズミもそうである。

ネズミは穀物を食い荒らす困り者の害獣である。ところが、害獣であるはずのネズミが、一方では穀物を集める富の象徴であるとされてきた。特にシロネズミは五穀豊穣《ごこくほうじょう》を司《つかさど》る大黒さまの使いであり、福をもたらす存在として大切にされてきたのである。

日本では、雑草もまた、単純な悪者ではなかった。

除草剤が発達する以前の昔の田んぼでは、農家の人は田んぼの中を歩き回り、何度となく田んぼの雑草を取る「田の草取り」を行った。田の草取りは大変な重労働だったのである。

しかし、田の草取りではヒエなどの大きな雑草は取り除いたが、小さな雑草は、田んぼの泥の中に埋め込んでいった。こうすることで、田んぼの雑草をイネの肥料にしていたのである。

畦《あぜ》や土手の雑草も、田んぼや畑の肥料としての利用価値があったから、人々は競い合って草刈りをした。あまりに人々が草を欲しがるので、草を取る場所は、細かくとり決められていたし、刈られた草は将軍家に献上されるほど価値のあるものであった。

また、畦や畑の雑草の中には、菜っ葉として食用にできるものや、薬草として利用できるものも少なくなかった。

田んぼや畑の雑草は、作物の成長を妨《さまた》げる邪魔者であったが、一方では利用価値のある資源であり、なくてはならない存在でもあった。

実利的な面からも、雑草は邪魔者でありながら、役に立つという、矛盾を含んだ存在だったのである。

悪魔の小道具

物事には良い面と悪い面がある。そういう表裏で物事を見るのが、日本人の物のとらえ方である。

一方、欧米では善と悪を明確に分ける傾向がある。世の中の現象は神の恵みと悪魔の仕《し》業《わざ》に分けられ、異端審問《いたんしんもん》や魔女裁判のように善と悪を分ける裁判も盛んだった。そして、良い行いは手放しで称賛し、悪い行いには厳しい罰を与える。

ヨーロッパの人々にとって、自然は神が人間のために与えてくれたものであった。そのため彼らは自然を克服しながら、自然の恵みを享受《きょうじゅ》してきたのである。だから、この自然の克服を邪魔する存在は、怪物や悪魔とみなされたのだ。

ヨーロッパの物語で森が恐ろしい場所として描かれるのは、そこはまだ人間が克服できない場所であり、その理由はモンスターが邪魔をしているからだと考えられた。

同じように、雑草は神の恵みを邪魔する存在だった。

実りをもたらす麦は、神が与えてくれたものである。一方、小麦の成長を邪魔する雑草は、悪魔が夜中にやってきてタネをまいているのだと信じられていた。雑草は悪魔の小道具だったのである。だから、退治しなければならないものだったのだ。

日本において「雑草を退治する」という思想は、明治以降の農業近代化の中で西洋からもたらされたものである。

もともと、日本には「雑草」という概念はなかった。江戸時代には雑草は単に「草」と呼ばれていたのである。

「雑草」という言葉が初めて使われたのは、江戸時代の末に書かれた農書であるが、このとき雑草という言葉は雑魚《ざこ》や雑木《ぞうもく》と同じように、いろいろな草という意味で使われていた。

日本では西洋に見られるような、「悪者」というニュアンスは必ずしもなかったのである。

害虫は虫、雑草は草

日本に暮らす昔の人々にとって、雑草は役に立つ存在でもあった。もっとも、それだけでは説明がつかないこともある。

山形県米沢市《よねざわし》を中心とした東北地方のある地域には「草木塔《そうもくとう》」なるものが存在する。草木塔とは、自分たちが利用するために命を奪った草や木などの植物に感謝し、供養《くよう》するための塔である。

雑草が悪者であっただけでなく、植物として利用価値があったのはわかるが、どうして、その供養までもしたのだろうか。

仏教では命あるものの殺生《せっしょう》を禁止している。そのため、肉食が禁止されて肉や魚を使わない精進《しょうじん》料理を食べるのである。

しかし、米や野菜などの植物を食べることは、殺生ではないのだろうか。

仏教の答えはこうである。

「植物は人間や動物と異なり、土や水と同じように意識のないものである。だから、草や木を食べても殺生にはならない」

この説明は日本人には何となく腑《ふ》に落ちないものであった。

その代わりに、日本で広く受け入れられたのが、「草木国土悉皆成仏《そうもくこくどしっかいじょうぶつ》」という思想である。

これは、「草や木はもちろん、土や水さえも私たちと同じように、仏性《ぶっしょう》があり、成仏《じょうぶつ》する存在である」というものである。そして、それらを仏性のある存在として感謝し、供養したのである。

植物さえ成仏するというこの考え方は、修行して初めて成仏できるという伝統的な仏教の考え方からは逸脱したものといえるだろう。しかし、古くから植物の中にも命を感じてきた日本人にとっては、ずっと腑に落ちる考え方だったのである。

植物だけではない。日本人はもともと森羅万象《しんらばんしょう》に命を感じていた。日本人は世界でも稀《まれ》に見る虫を愛する民族であるといわれている。

古来、日本人はホタルの光や秋の虫の音などに心を寄せてきた。今でも、子どもたちが虫捕り網でセミやトンボを取ったり、カブトムシやクワガタを飼育する国は、世界でも珍しい。

しかも、日本では農作業で駆除した害虫さえ供養し、供養の碑を建てたのである。雑草が単に「草」と呼ばれていたように、害虫もまた、単に「虫」と呼ばれていた。単純な悪者ではなかったのである。

どうして、日本人は困り者の雑草や害虫を含めて、森羅万象を愛したのだろうか。

それには、日本人の持つ自然観が無関係ではないと私は思う。

日本になかった「自然」という概念

「自然観」とはいうものの、そもそも日本には「自然」という言葉はなかった。

「自然」という言葉は、明治時代に「nature（ネイチャー）」という言葉が西洋から入ってきたとき、その訳語として作られた造語である。

もっとも「自然《じねん》」という言葉自体はあった。しかし、それは「おのずからそうであること」「ひとりでにそうなること」というような意味であって、現代のような「ネイチャー」というニュアンスはなかったのである。

どうして、日本には「自然」という概念がなかったのだろうか。

西洋では神が人を作り、人のためにに動物や植物などの自然が作られた。だから、人々は自然の恵みを自由に利用することを許された存在だったのである。

一方、日本では動物や植物は、人間と同じ命を持つ存在であり、敬われたり、供養されるべき存在でもあった。つまり、人間と生きものたちは対等だったのである。

西洋の人たちにとって、自然は人と相対するものであり、支配するものであった。しかし、日本人にとっては、人もまた自然の一部であった。人は自然に内包される存在だったのである。

家の外から見れば家というものを認識できるが、ずっと家の中にいれば家の存在がわからないように、自然の一部である日本人にとって自然は、ごく身のまわりにあって認識できないものであった。だからこそ、日本には「ネイチャー」を意味する言葉がなかったのである。

西洋では「自然保護」や「動物愛護」の概念が進んでいる。

環境破壊が進んだ文明社会では、自然保護や動物愛護の考え方は重要である。しかし、そこには自然は人間の所有物であり、人間は自然よりも上の存在であるという西洋の思想が根底にある。だからこそ、人間が保護したり愛護しなければならないというのである。

それに対し、日本人の自然観では「自然保護」「動物愛護」という発想になりにくい。日本人の自然観では、他の生きものも、人間も同じ自然の一部である。つまり対等な関係なのだ。

対等な関係として、日本人は自然に対して全力で向き合ってきた。

ましてや、高温多湿な日本の自然は手強い。雑草はすぐに伸びてくるし、害虫も多い。部分的に見れば失われている希少な自然はあるが、放っておけば何かしらの緑が回復するのが、日本の自然なのだ。これでは「保護」という意識になりにくい。

日本人がヨーロッパの人々に比べて環境問題に対する意識が低いように見えるのは、そのような自然観の違いが根底にあるからだろう。

しかし、同じ理由で、日本人は昔から自然の脅威と全力で向き合ってきたといえる。

そして、自然と対等な関係だからこそ、厳しい戦いの中で、人々はそこに尊敬の念を抱かずにはいられなかったのではないだろうか。

人と自然は、戦いの中で友情が芽生える、良きライバルのような関係だったのかもしれないと私は思う。そして、日本人にとっては雑草もまた、憎らしくも愛すべきライバルだったのであろう。

家紋に使われた雑草

ヨーロッパの紋章を見ると、獅子《しし》や鷲《わし》、ユニコーンなど、いかにも強そうな動物が居並んでいる。

それに比べて日本はどうだろうか。

「この紋どころが目に入らぬか」

と悪代官どもをひれ伏せさせる徳川家の葵《あおい》のご紋は、フタバアオイという森の地面に咲く小さな植物をモチーフとしている。

日本の家紋は、植物をモチーフとしたものが多い。

日本にだって強そうな生きものはいそうなものなのに、なぜか植物をシンボルとしているのである。

見るからに強そうな生きものではなく、何事にも動じず静かに凛《りん》と立つ植物を、日本人は自らの紋章として選んだのである。

不思議なことに、日本では嫌われ者の雑草さえも家紋に使われている。

日本の家紋によく使われる十大紋は「鷹《たか》の羽《は》、橘《たちばな》、柏《かしわ》、藤《ふじ》、沢瀉《おもだか》、茗荷《みょうが》、桐《きり》、蔦《つた》、木瓜《もっこう》、片喰《かたばみ》」であるが、このうち、「沢瀉」と「片喰」は雑草なのである。

戦国時代を生き抜いた武将たちの何人かは、雑草の家紋を好んだ。

オモダカは田んぼに生えるしつこい雑草である。しかし、武家は、オモダカは葉の形が矢じりに似ていることから、別名を「勝ち草」といった。田んぼの雑草の強さにゲンを担いでいたのである。

尾張《おわり》（現在の愛知県）出身の福島正則《ふくしままさのり》は沢瀉紋だったし、豊臣秀吉も有名な桐紋の以前は沢瀉紋であった。水野忠邦《みずのただくに》で有名な尾張出身の水野家も、沢瀉紋である。

カタバミもまた、やっかいな雑草である。畑や庭に入り込むとなかなか駆除が難しい。抜いても抜いても広がっていく。戦国武将はこのしぶとさに子孫繁栄の願いを重ねたという。

徳川家康を支え「四天王《してんのう》」と称された武将の一人、酒井忠次《さかいただつぐ》で知られる酒井氏が用いたのが、カタバミをモチーフとした「剣片喰紋《けんかたばみ》」である。

百戦錬磨《ひゃくせんれんま》の戦国武将たちは、野に咲く小さな雑草の強さに心惹《ひ》かれていたのである。

マムシの道三《どうさん》と怖れられた美濃《みの》（現在の岐阜県）の斎藤道三《さいとう》が使っていた家紋の一つは、ナデシコの花だったそうである。彼の活躍から五百年も後に、女子サッカーの「なでしこ」たちが世界を制するとは、思いもよらなかったことだろう。

日本の家紋

沢瀉紋（おもだかもん）。矢じり型のオモダカの葉と花がデザインされている

片喰紋（かたばみもん）。ハート型のカタバミの葉がデザインされている

西洋の紋章

イギリスの国章。ライオンとユニコーンがデザインされている

ナポレオン一世による第一帝政の紋章。鷲がデザインされている

けっして猛々《たけだけ》しくもない。けっして雄々《おお》しくもない。野に咲く小さな花である。しかし、古人はそんな小さな雑草に強さを見出してきた。

日本人こそが雑草の強さを知る民族なのである。

雑草の強さを知る民族

「日本人は変化を好まない」は本当か

日本人は小さな島国で二百年以上も鎖国を続け、狭いムラ社会の中で先祖伝来の土地を耕し続けてきた。そんな日本人は、変化を好まない民族であるといわれる。

本当だろうか。

確かに、自ら進んで変革を起こすことは少ないかもしれない。

しかし、日本人は変化を恐れず、変化を進んで受け入れることによって発展を遂《と》げてきた。

明治維新以降は、西洋の文化を積極的に取り入れ、近代化を図ってきた。

戦後は、敵国であったはずのアメリカの文化さえ抵抗なく取り入れていった。アメリカ文化の象徴である自動車と野球がなかったら、日本の復興はなかっただろう。

さらに歴史をさかのぼれば、日本は征服されているわけでもないのに、自ら大陸の文化を取り入れて、自分たちの文化を醸成《じょうせい》していった。日本人は変化を恐れない。日本の歴史を見れば、日本人はむしろ変化を受け入れることによって発展を遂げてきた国民と言えるのではないだろうか。

現在の街並みを見ても、日本の町はけっして保守的であるとは言えない。ヨーロッパの街並みを見ると、十九世紀の建物が今もそのまま使われていることに驚かされる。農村には中世のヨーロッパを思わせるような伝統的な街並みがそのまま残されているし、流行の発信地であるニューヨークでさえも二十世紀初頭の古い時代の建物が残されている。

一方、日本はどうだろうか。

戦災があったとはいえ、特別な観光地を除けば古い街並みはヨーロッパのようにはほとんど残されていない。戦後建てられた建物さえ惜しげもなく壊されて新しい建物が次々に建てられていく。東京や大阪など大都市は、目まぐるしくその様相を変えていく。

農村へ行けば築数百年という農家もあるが、屋根は葺《ふ》き替えられ、部屋の中は現代風にリフォームされている。しかも、周囲には大型スーパーやレジャー施設が建ち、ヨーロッパの田舎よりも、よほど近代化している。

日本の家はなぜ「木と紙」なのか

ヨーロッパの古い家はレンガや石造りだが、日本の家は木造住宅だから傷《いた》んでくる。そのため、新しくするのは仕方がないではないかと思うかもしれない。

そのとおりである。

日本の家屋は「木と紙でできている」と揶揄《やゆ》される。木と紙は古くなるから、新しくしなければならない。茅葺《かやぶ》きの屋根も数年に一度は葺き替えるし、畳や障子もそうだ。

日本の家屋は常にメンテナンスをして新しくしなければ、傷んで古くなってしまうのである。

歴史ある伊勢神宮《いせじんぐう》や諏訪大社《すわたいしゃ》でさえも、数十年に一度は完全に建て替える。

現存する世界最古の木造建築である法隆寺《ほうりゅうじ》も、時代を超えて何度も修繕が加えられてきた。

こうして日本人は、常に新しいものを造り続けてきたのである。

しかし、それは木材や畳や障子の材料である植物が豊富にあったからこそ、可能だったことでもある。

雨が多く高温多湿な日本では、放っておけばすぐに雑草が生えてくる。それだけ自然の回復力があるのだ。茅葺き屋根を葺くための茅や、畳や紙の原料となる草も、刈っても刈っても翌年にはすぐに生えてくる。そして草が生えた後には、次々に強い植物が入り込んできてやがて森になる。そのため、木をたくさん切っても、森に戻すことが可能だったのだ。

だからこそ、木や草をふんだんに使った「木と紙でできた家」を造ることができたのである。

一方、雨が少なく冷涼なヨーロッパでは、雑草もなかなか生えないくらいだから、森の木を切るとなかなかもとには戻らない。そして、長い歴史の中で森の木が切られ続けると、その森は失われ、不毛の地と化していったのである。

また、日本では江戸時代にも盛んに植林がされたが、ヨーロッパでは近代まで植林はあまり行われなかった。日本では植林すれば数十年で木が大きく育つが、気温が低いヨーロッパでは木の成長が遅く森ができるのに百年以上かかる。森を育てることは大変だったのである。

つまり、森の少ない西洋の人々にとって、木材は貴重であった。だから石で建物を作ったのである。現在でも欧米の人たちが日本を旅行すると、一番驚くのは森の多さと木々の豊かさである。

ちなみにヨーロッパの農村風景が統一されていて美しいのは、その土地によって切り出される石の色が限られているからである。

捨てることで再利用する

植物で作ったものは傷む。ましてや、日本は高温多湿だから、傷むのも早い。その代わり、豊富な植物資源を使って常に新しいものに更新することができる。

そのため、日本では古くなったものを新しいものと取り替える。

ヨーロッパでは、靴は家畜の皮で作った。そのため、靴磨きをしてメンテナンスをしながら長く履《は》き続けたのである。

一方、日本のわらじは、イネの茎《くき》である藁《わら》でできている。茎でできたわらじはすぐに擦《す》り切れてしまう。そのため、街道を旅する旅人は、一日に何足もわらじを履き替えたという。そして、古いわらじは捨てていったのだ。

もっとも、古いわらじも藁なので、捨てられたわらじは、近隣の農家が持ち帰って肥料として再利用した。植物は捨てられても資源である。ゴミではなかったのだ。

割《わ》り箸《ばし》も日本人の新しもの好き文化を象徴する品物である。割って初めて使うことのできる箸は、その箸が新しいものであることの証明だった。そして、ハレの日や大切な客人には新しい割り箸を出したのである。

新年に飾る門松《かどまつ》や注連縄《しめなわ》は、毎年、新しいものに作り替える。また、祭りに使った神輿《みこし》などは、もともとは、川や海へ流して、毎年新しいものに作り替えた。

こうして日本人は古くなったものを捨てて、新しいものに取り替えていったのである。誤解してほしくないが、だからといって、使い捨てを礼賛《らいさん》しているわけではない。昔の人々が使い捨てていたのは、捨てても土となり、また何度でも生えてくる植物だ。それを、資源として持続的に再利用できるように捨てていたのである。

雑草がどんどん生い茂るように、植物の再生力が高い日本では、捨てた植物もすぐに分解されて、また植物の栄養となる。この自然の循環サイクルが早いから、このサイクルの中で日本人は古いものを新しいものに取り替えていった。自然の循環する力を日本人はフルに活用していたのだ。

現代のように、使い切れば枯渇してしまう化石燃料を材料とし、自然界では容易には分解されないプラスチック製品を使い捨てているわけではなかったのである。

「新品に価値がある」という価値観

「新品に価値がある」

じつは、これこそが日本の価値観である。

そういえば「女房と畳は新しい方がいい」ということわざもあった。

西洋のワインは古ければ古いほど価値があるが、日本の酒や茶は、新酒や新茶が好まれる。

ボジョレ・ヌーボーという新酒のワインをありがたがるのも日本人である。初鰹《はつがつお》や新そばなど初物を重んじるし、茶道や華道で季節を先取りした花を飾るのも、日本人の新しもの好きゆえだろう。

今も昔も、日本人は「新品」が好きである。

日本人は、何年か経《た》つと新車に買い替える。欧米で、日本ではとっくに廃車になっているような中古車が平気で走っているのに比べると大きな違いだ。

もちろん、税制や生活事情も違うから一概に比較はできないが、欧米では、中古車や中古住宅などが、日本より価値のあるものと考えられているのは事実だ。

日本は政権交代をほとんどしない変化のない国ではないかと言うかもしれないが、日本では総理大臣も使い捨てである。

初代総理大臣伊藤博文《いとうひろぶみ》以降、総理大臣の平均在任年数は一年四か月。最近では一年も経たずに首相が代わることも珍しくなくなった。一方、アメリカ大統領を見ると、初代ワシントン以降、平均在任年数は五年である。

とかく日本人は新しいものが好きなのだ。

「変化」に価値を見出す

そんなことはない。日本人は昔から古いものを大切にしてきたではないか、という意見もあるだろう。

確かにそうである。もちろん、日本人はすべてのものを新しくしてきたわけではない。

しかし、日本人は古いものを守りながらも、「変化」することを尊んできた。

たとえば、陶器《とうき》の萩焼《はぎやき》は、長く使い込むほどに色が変化していく。床《とこ》の間《ま》の床柱も、年月を経《へ》てだんだんと美しさを増してくる。漆器《しっき》も使い込むと独特の風合いが出てくる。この変化こそが日本人の好む味わいである。

このように、時間を経るうちに、新しく生まれ変わっていくものを日本人は愛したのである。

万物は変化していく。そして、日本人はその変化の中に価値を見出したのである。日本人は、四季の移り変わりを大切にする。そして、一期一会《いちごいちえ》という不安定な出会いを大切にし、花の時期が短い桜の花を愛する。

日本人は安定ではなく、変化し続ける不安定さの中に価値を見出してきた。まさにルデラルな価値観が、日本人の中にあるとは言えないだろうか。

先述のように豊かな植物資源を使って、日本人は「新調」することに価値を見出した。そして、変化を恐れずに受け入れる国民性にも、日本の自然が関係しているように私は思う。

切っても切っても生えてくる

ヨーロッパの物語では、森は恐ろしい場所として描かれる。そこは、化け物や悪魔の棲《す》む異界である。

先述したように、ヨーロッパの人々は、自然を克服しながら人間の世界を拓《ひら》いてきた。克服できていない深い森は、人間が足を踏み入れてはいけない場所だった。そして、そこに棲み、人間による自然の克服を拒むものがいるとすれば、それは、モンスターたちだったのである。

日本はどうだったろう。

先述のようにヨーロッパと比較して、日本は自然が豊かである。

切り拓いた土地も、放っておけば雑草が生い茂り、やがて森に戻ってしまう。抜いても抜いても生えてくる雑草。切っても切っても生えてくる森の木々。そんなパワフルな自然を克服することは容易ではない。そこで、日本人は自然を克服するのではなく、自然に寄りそって自然の力を最大限に利用することを考えた。

切っても切っても生えてくる木々は、炭や薪《まき》などの燃料となる。そこで人々は森の木々を切って利用した。土手や畦の草は、刈っても刈っても生えてくる。そこで人々は草を刈って肥料としたのである。

豊かな自然の恵みは、何も自然の草や木ばかりを育てるわけではない。高温多湿な日本では雑草もすぐに伸びてくるが、作物もそれだけ育つ。日本の農業は生産力がものすごく高い。

ヨーロッパの田舎を旅すると、広々とした田園風景がどこまでも広がっていて、とてものんびりとした気分にひたることができる。ところが、日本に帰ってくると、ゴミゴミしていて何だかガッカリしてしまう。

しかし、考えてみれば、小さな村に対して広大な農地が広がっているということは、それだけの農地がなければ、食糧を得ることができなかったということでもある。中世のヨーロッパでは畑をローテーションして使う三圃《さんぽ》式農業が行われていた。地力がやせるのを防ぐために、数年に一度は畑を休ませなければならなかったのである。しかもムギを作ることができないようなやせた土地では、牧畜を行うために、さらに広い面積が必要とされた。

ところが、日本はどうだろう。高温多湿な環境で栽培されるイネは、ムギと比較すると生産力が極めて高い。しかも、昔は二毛作を行って、一年にイネとムギを両方収穫することができた。こんなことはヨーロッパではとても考えられないことだったはずである。

日本では一人が一年間食べていくのに必要な米の量を「石《こく》」という。大名の強さを表す石高は、何人の人を養えるかを表す指標であった。加賀《かが》（現在の石川県南部）百万石というのは、百万人が一年間食べていけるだけの米が取れるという意味である。

この一石の米を取るために、必要な田んぼの面積を「反《たん》」という。「反」というのはおよそ一〇アールである。つまり、昔の日本では一人分の食糧を得るのに一〇アールの農地があればよかったのである。これに対して、中世ヨーロッパでは一人を養うために一ヘクタール（＝一〇〇アール）の農地が必要だったとされている。農地の生産量は十倍も違ったのである。

日本は人口密度が高く、何かとゴミゴミしているが、これも日本の自然の豊かさゆえだったのだ。

しかし豊かな自然は、ときに人間に牙を剝《む》いて襲いかかってくる。

日本は雨がよく降り、それが豊かな自然の恵みをもたらしている。しかし、大雨が降れば急峻《きゅうしゅん》な地形から一気に流れ落ちる急流の河川は、洪水となって襲いかかってきた。

日本は古くから洪水と戦ってきた国でもある。人々は盛り土をして家を作り、家に舟を備えた。

しかし、洪水は山の肥沃《ひよく》な土を田畑に運んでくれる恵みでもあった。洪水の常襲地帯は、人々にとっては恵まれた土地でもあったのである。

大きく蛇行し、ときに荒れ狂う河川は、龍にたとえられた。龍は人を食い、嵐を起こす怪物だが、一方で、水の恵みを授けてくれる水神でもある。

オオカミが恐ろしい存在でありながら神であり、雑草が困り者の邪魔者でありながら肥料として必要な存在であるように、恐ろしい自然の脅威と豊かな自然の恵みは表裏一体のものだったのである。

災害に対する強さ

日本は自然災害が多い。

梅雨《つゆ》の集中豪雨や台風は、洪水ばかりか、土砂崩れも引き起こす。冬になれば雪国は豪雪となる。火山の噴火や地震もある。

日本人はこうした自然の脅威にさらされながら、豊かな自然の恵みを受けてきた。

日本では自然は克服できないあまりにも大きな存在であった。だからこそ、良い部分も悪い部分も受け入れて、自然に寄りそいながら生きてきたのである。

災害を受けるたびに、日本人は辛抱強くそれを乗り越えて復旧を繰り返してきた。

災害に対して平静を失わない沈着さと、わずか数日で家を建ててしまう復興の早さは、幕末に日本を訪れていた西洋人を驚かせた。

一八六六年、横浜で起こった大火では、

「日本人の性格中、異彩を放つのが、不幸や廃墟を前にして発揮される勇気と沈着である」

と言わしめたし、一八五六年、下田《しもだ》の台風の被害では、

「日本人の態度には驚いた。泣き声ひとつ聞こえなかった。絶望なんてとんでもない!」

と驚愕《きょうがく》させた。

日本は災害の多い国である。しかし、それだけ日本人は災害に強い国民でもあるのである。

夏草や兵どもが夢の跡

二〇一一年三月十一日。私たち日本人は、大きな災害を経験した。東日本大震災である。この大震災で被災された皆さまには、心よりお見舞い申し上げたい。

幕末に西洋人を驚かせた日本人の災害に対する冷静さと復興に向けたひたむきさは、二

十一世紀に起こった大災害でも発揮され、「日本人の強さ」は世界中の人々から賛辞を受けた。

あれだけの大惨事があっても、何事もなかったかのように、春になれば桜の花が咲き、木の芽が芽吹き、夏になれば雑草が伸びる。自然というのは、ときに無情である。

「夏草や兵《つわもの》どもが夢の跡」

時は移り人の世が変化しても、雑草だけは変わらず生い茂っている。

かつて東北地方を旅して『奥の細道』をしたためた松尾芭蕉《まつおばしょう》は、人の世のはかなさをこう詠《よ》んだ。

しかし一方で、芭蕉はこの俳句で、どんなことがあっても変わらず生えてくる雑草の強さを表現したのである。

雑草は困り者だが、私たちに勇気を与えてくれる存在でもある。

あるものは、踏みにじられて葉がボロボロになりながらも、小さな花をしっかりと咲かせている。あるものは、コンクリートのすきまの乾ききったわずかな土に根づいて、それでも太い茎を伸ばしている。

雑草はどんな困難な状況であっても必ず花を咲かせる。そして、必ず実を結ぶのである。

雑草が見ているもの

豊かな自然ゆえに日本人は、古くなったものを新しいものと取り替えてきた。自然の恵みを受けながら、自然災害による大きな変化を、受け入れてきた。そして、困難を乗り越え、変化を受け入れ、新しい時代を切り拓いてきたのだ。

考えてみれば、私たち日本人の生き方は、「ルデラルな生き方」そのものである。

日本人と雑草はライバルのような関係であった。

雑草の害に悩まされながら、その一方で雑草の強さに惹《ひ》かれ、あこがれを抱く。それは、もしかすると私たち自身が持つルデラルな部分と、どこか響き合っていたのかもしれない。

ルデラルはすべてが失われた不毛の大地に最初に芽を出す植物である。彼らはときに「パイオニア」と呼ばれる。ルデラルにとっては、変化と逆境こそが、新しいものを生み出す確かな鼓動なのである。

すべてが失われたとき、地表に光が当たる。この光を感じて新たな芽を出す。そして、大きな困難に耐え、変化を乗り越え、自らの力で新しい大地を切り拓く。それがルデラルと呼ばれる雑草である。

雑草はどれもが、太陽に向かって伸びていく。うつむいている雑草はない。

試しに、大地に寝転び、雑草が仰いでいる景色を眺めてみよう。

風が吹き抜けていく。雲が流れていく。そして果てしなく広がる青い空と、さんさんと降り注ぐ太陽の光。

雑草が見ているのは、この風景だ。そして、体の奥底から力みなぎる感覚、これこそが雑草の気持ちなのだ。

私たちは「雑草の強さ」を知る民族である。雑草のように変化を恐れず、逆境から逃げることなく、それを受け入れて力にできる存在なのだ。

あとがき

人気アニメ『ドラえもん』に登場するのび太くんは、よくお母さんに怒られて罰として草むしりをさせられる。

「ドラえも～ん、草むしり機を出してよ」

いつものように助けを求めるのび太くんに、ドラえもんは冷たく言い放つ。

「そんなものないよ」

ドラえもんが生まれた、約百年後の二十二世紀には、もはや雑草などなくなってしまっているということなのだろうか、それとも、未来でさえも完全に草むしりを行うような機械は完成していないということなのだろうか……。

私は、後者だと思う。

人類は、農耕を始めた頃から、かれこれ一万年以上も雑草と戦ってきた。

わずか百年後に雑草がこの世からなくなっているということが、あるだろうか。

じつは私は、本書の原稿の大半をアメリカのネブラスカで書いた。アメリカのトウモロコシ畑にはびこる雑草を調査に来ていたのである。

雑草を枯らす除草剤の発明は、農業に大きな変革をもたらした。そして、それは雑草が暮らす社会にとって予期せぬ変化だったに違いない。

しかもアメリカでは除草剤にも枯れないトウモロコシが開発されて、栽培されている。そのため、トウモロコシに構わず除草剤をまくことが可能になったのである。

科学の進んだ二十一世紀の最新技術は、ついに雑草を完全に駆逐《くちく》したかに思われた。

しかし、である。

雑草は、なくならなかった。科学の粋《すい》を尽くしたアメリカのトウモロコシ畑には、しばらくすると、また雑草が生えてくるようになったのである。しかも、それらの雑草は除草剤にも枯れないトウモロコシと同じ仕組みを自ら手に入れていた。私は改めて、雑草のすごさを見せつけられた思いがした。

これでは、たとえ科学の進んだ二十二世紀になっても、雑草は人類の強力なライバルであり続けることだろう。

私たちの目前にある大きな変革や予測不能な未来など、雑草の世界に起こっていることに比べれば、ずいぶんと小さな話だ。

ルデラルは変化し続ける。

だから、どんなに時代が変わっても、どんなに環境が変化しても、ルデラルは生き続けるのである。

ルデラルという言葉は、正しくは植物の戦略の一つにすぎない。

しかし、したたかに逆境を味方につけ、ひたむきに困難に立ち向かうルデラルの姿に私たちは勇気づけられる。困難にぶちあたったとき、生き方に悩んだとき、ルデラルの生き方は私たちに知恵を授けてくれる。

植物も人間も、「生きる」という行動の本質に大きな差はないのだろう。私たちはときにルデラルな生き方に共感を覚えずにいられない。

私たちは植物ではないから、生き方は自由だ。さまざまな生き方を選択できる。しかし、ルデラルな生き方をオプションとして持っている人間は強い。

大いなる逆境があなたを襲ったときこそチャンスである。ぜひルデラルを気取って「雑草みたいに」カッコよく生きてみてほしい。

そして、ルデラルな生き方はあなただけのものではない。

踏まれながら咲く小さな雑草の花に、多くの人が励まされるように、困難を克服するあなたの生き方もまた、多くの人に勇気を与えることだろう。ルデラルはそんな輝きを持った生き方なのである。

二〇一二年十一月

稲垣栄洋

新書版のためのあとがき

この本には思い出がある。

本書のあとがきにも書いたように、私はこの本をアメリカのネブラスカで書き上げた。

私の研究室がある静岡大学の研究センターは、一五ヘクタールの面積がある。東京ドーム三個分よりも広い面積である。

ところが、私が赴《おもむ》いたアメリカの研究センターは、二五〇〇ヘクタールの面積があった。その広さは五キロメートル四方。これは品川区よりも大きい広さである。

こんなところと、まともに戦っていても、勝てるはずがない。

別に戦うわけではないのだが、広大な圃場《ほじょう》を見て、つくづくそう思わされた。

それでは、どうすれば良いのか？

そのときに思い出したのが、「雑草の戦略」だった。

雑草は競争しない。

雑草はまともに戦わない。

しかし、私たちのまわりで雑草は成功している。

要は「戦略」、戦い方なのだ。


ネブラスカでは、およそ一週間程度の滞在だったと思うが、仕事が終わってホテルに戻ると、私は次々にわいてくる文章を、一気に書き留めた。

そして、帰りの飛行機の機内で書いたのが、「Ⅲ」のパートである。

アメリカでは、雑草は悪者でしかない。

もちろん日本でも、雑草はやっかいな邪魔者である。

しかし、日本には「雑草魂」という言葉がある。小さな雑草の中に強さを見出したこの言葉は、英語でニュアンスを伝える事は難しいだろう。

日本人は雑草の強さを知り、雑草に学ぶことができるのだ。

この本を世に出してから十年。世の中はますます予測不能になるばかりだ。

雑草にとって、予測不能な変化は、チャンス以外の何者でもない。

まさに、雑草たちの時代、来たれりである。

最後に、新書版の出版にあたりご尽力いただいた扶桑社の高橋香澄さんにお礼申し上げます。

二〇二二年六月

稲垣栄洋

本書は二〇一三年一月に亜紀書房より刊行された『雑草に学ぶ「ルデラル」な生き方』を改題し、新書化したものです。

装丁　鈴木貴之
イラスト　Studio CUBE.
ＤＴＰ　生田 敦
校正　皆川 秀
家紋提供　日本家紋研究会

稲垣栄洋（いながき・ひでひろ）
1968年静岡市生まれ。岡山大学大学院修了。専門は雑草生態学。農学博士。自称、みちくさ研究家。農林水産省、静岡県農林技術研究所などを経て、現在、静岡大学大学院教授。著書にベストセラーとなった『生き物の死にざま』（草思社）ほか、『大事なことは植物が教えてくれる』（マガジンハウス）、『面白くて眠れなくなる植物学』（PHP文庫）、『はずれ者が進化をつくる―生き物をめぐる個性の秘密』（ちくまプリマー新書）、『徳川家の家紋はなぜ三つ葉葵なのか―家康のあっぱれな植物知識』（扶桑社文庫）など、多数。

扶桑社新書　435

競争「しない」戦略

発行日 2022年7月1日　初版第1刷発行

著　　者………稲垣栄洋
発 行 者………小池英彦
発 行 所………株式会社 扶桑社
〒105-8070
東京都港区芝浦1-1-1 浜松町ビルディング
電話 03-6368-8870（編集）
03-6368-8891（郵便室）
www.fusosha.co.jp

印刷・製本………中央精版印刷株式会社

Printed in Japan　ISBN 978-4-594-09201-6
JASRAC 許諾番号 2204531-201